Aristide MUNVERA MFIFEN

Sou Químico e comprometo-me

Aristide MUNVERA MFIFEN

Sou Químico e comprometo-me

Volume 1

ScienciaScripts

Imprint

Cover image: www.ingimage.com

This book is a translation from the original published under ISBN 978-3-639-52429-1.

Publisher:
Sciencia Scripts
is a trademark of
Dodo Books Indian Ocean Ltd. and OmniScriptum S.R.L publishing group

120 High Road, East Finchley, London, N2 9ED, United Kingdom
Str. Armeneasca 28/1, office 1, Chisinau MD-2012, Republic of Moldova, Europe
Printed at: see last page
ISBN: 978-620-5-72314-2

Conteúdos

Introdução

O físico Matthias Fink, professor na ESCPCI ParisTech, fundador e antigo director do Instituto Langevin "Ondes & Images" disse: "*Sou um inventor ligado a um laboratório público que, quando inventa, tenta convencer os outros a criarem start-ups*", o que na essência significa a preocupação de mudar o mundo apesar das nossas prerrogativas, a auto-satisfação que advém da inovação e da independência financeira. Ah sim, a independência financeira; é a realidade actual do mundo, todos nós precisamos dela a algum nível e não a podemos alcançar trabalhando para outra pessoa. É verdade que existem empregos bem remunerados que podem mesmo proporcionar um certo nível de vida. Mas o facto é que isto não vale nada em comparação com a riqueza que uma pessoa poderia desenvolver por conta própria: daí a tendência para o empreendedorismo.

Esta tendência tem arrastado todos, incluindo o químico. Como podemos explicar o facto de o químico ter ficado envolvido numa tal espiral, sabendo que ele ou ela é uma pessoa que contribui grandemente para melhorar a qualidade das nossas vidas, para a protecção do ambiente e para a criação de emprego e riqueza? Como sabemos até certo ponto que é graças aos químicos que os cosméticos estão a progredir, que a energia está a tomar forma através de fontes biológicas, que a agricultura está a melhorar... a explicação mais provável continua a ser a seguinte: a ponte entre o laboratório do químico e a sociedade não existe porque, tal como Dupont, William Colgate, Ernest Solvay, o químico deve empreender.

Isto é tanto mais verdade quanto esta noção de empreendedorismo deve ser integrada desde os primeiros passos do químico de aprendizagem.

Com a explosão do desemprego, a escassez de empregos, as crises em certas regiões do mundo que afectam o Estado dos Camarões, o químico tende a juntar-se à classe dos inactivos, apesar de ser dotado de capacidades empreendedoras. Deve portanto integrar o facto de que, para sobreviver nesta era, a multidisciplinaridade é a chave.

Jean-Marie Lehn, vencedor do Prémio Nobel da Química em 1987, disse: "*Para avançar num campo, é preciso possuí-lo completamente*", falando assim dos limites da multidisciplinaridade. Ele tem certamente razão, mas a evolução do mundo actual não permite que o químico fique confinado ao seu laboratório. Ele deve, quer goste quer não, ter um impacto científico, económico e social. Isto obriga-o, até certo ponto, a ser informado sobre o que se está a passar à sua volta. Assim, o químico não deve ser um estranho ao direito, à economia, bem como à ciência relacionada com a filosofia, política, sociologia ou tecnologia digital.

Um químico tem de ser multidisciplinar se quiser ser um empresário? Sim, é essa a minha convicção. Uma vez que o termo "multidisciplinar", como diz Jean-Marie Lehn, traz em jogo várias especialidades diferentes. Note-se também que o prefixo *"pluri, trans, inter, significa em toda a disciplina, passar de um para outro.* Um fenómeno que era menos observado na altura. Como ele diz,

"Os campos tornaram-se mais complexos com o passar do tempo. A química, por exemplo, tem a ver com a mudança da matéria, mas isto pode ser feito através de diferentes abordagens. Por conseguinte, a multidisciplinaridade pode ser praticada de várias maneiras. Ou adquirindo conhecimentos suficientes em diferentes campos para poder estar na vanguarda dos seus desenvolvimentos, falamos de auto-formação. Ou iniciando colaborações com colegas de outras disciplinas. Ou recorrendo a especialistas nestas áreas.

Assim, para o químico camaronês, o empreendimento não é uma opção mas sim uma obrigação. É isto que o presente livro tenta fazer, em dois volumes. O primeiro trata das bases que um químico que deseja empreender deve dominar ao mesmo tempo que dá uma breve visão geral dos campos em que irá empreender num início. É de notar que não se trata do processo de criação de uma empresa, mas sim dos instrumentos que deve dominar em termos de cultura se quiser empreender. Recordemos que, uma vez que se dirige a toda a esfera dos químicos, o caso do químico de investigação que deseja empreender um negócio como resultado do seu trabalho de investigação não foi tratado em profundidade. O segundo volume terá como objectivo explicar os diferentes processos e mecanismos de elaboração de uma empresa ou de uma indústria, desde a matéria-prima até à industrialização e ao serviço. Esperamos que após a leitura deste livro, o químico seja capaz de usar o seu génio para o avanço da humanidade, por um lado, e para o desenvolvimento dos Camarões, por outro.

É importante para os nossos leitores considerar o termo químico no sentido masculino e feminino, no interesse da equidade de género. Esperamos que, após a leitura deste livro, o futuro empresário-químico tome consciência do seu potencial e das oportunidades a serem aproveitadas. Esperamos que goste de ler este livro e continuamos disponíveis para qualquer crítica que possa ter.

Capítulo I
o químico e a ética

"A química deve estar resolutamente empenhada diariamente em responder aos desafios sociais e ambientais do mundo actual e assim garantir um crescimento sustentável", disse Luc Benoit-Cattin, que foi eleito Presidente da "France Chimie" a 24 de Abril de 2019. No essencial, isto significa que o químico de hoje deve não só criar novas moléculas mas também contribuir para a arquitectura do desenvolvimento económico de um país. Para o fazer, deve estar equipado com uma ética e um sistema de pensamento que estruture a sua abordagem e, em última análise, tenha impacto no crescimento económico. Qual é então a ética do químico e como é que ele compreende a sua ciência?

I. Questões éticas importantes enfrentadas pelos químicos

Esta secção trata de questões éticas na prática da química. De facto, a química situa-se entre a teoria e a prática. É uma ciência que se ocupa de moléculas de todas as origens e tamanhos que afectam directamente a vida humana.

Os químicos, em virtude da sua função, inventam, descobrem, criam, compõem ou fabricam milhares de novas substâncias todos os anos. Muitas delas são benéficas, outras são nocivas. Desde o advento da indústria, as realizações da química contribuíram para reduzir a poluição através de processos de reciclagem de resíduos, bem como para melhorar a saúde humana através da produção de medicamentos, implantes, reagentes, consumíveis e materiais de todos os tipos. Esta ciência, embora nobre, é uma defensora da degradação ambiental e é responsável pela produção de substâncias como drogas, narcóticos e objectos perigosos para a saúde humana.

A fim de empreender um projecto, o químico deve fazer a si próprio uma série de perguntas, cujas respostas devem orientar o seu raciocínio e ética:

- Como preservar e melhorar a saúde e a segurança do planeta através da química?
- Quais são os papéis e as consequências dos compostos químicos.
- Como são produzidos e geridos os produtos químicos?
- Que responsabilidades têm os químicos no que respeita ao fabrico de produtos como armas e drogas?
- Quais são as boas práticas de laboratório que devem orientar a actividade do químico para uma produtividade óptima?

Estas respostas não podem ser esgotadas sem recorrer a disciplinas relacionadas e a uma certa deontologia. Com isto em mente, o químico deveria questionar constantemente o porquê e como das coisas, a fim de contribuir para a construção deste mundo.

II. Definições básicas

A fim de compreender do que estamos a falar neste capítulo, consideramos importante listar alguns termos que são necessários para compreender a relação entre o químico e a ética. Estes são os seguintes termos:

1) **Ciência:** é a actividade de investigação que visa o conhecimento. Procura descrever fenómenos

através da identificação das relações causais entre eles.

2) **A técnica**: esta é a actividade de fabrico e transformação. Consiste na manipulação de um material para produzir um objecto.

3) **Tecnologia:** este termo é utilizado para se referir a campos técnicos específicos.

4) **Technoscience:** este termo refere-se à materialização da dependência entre a ciência e a tecnologia.

5) **Química:** é a ciência natural preocupada com o estudo da composição da matéria e das suas transformações.

6) **Síntese química:** esta é **a** sequência de reacções químicas realizadas voluntariamente por um químico para obter um ou mais produtos finais, por vezes com isolamento de compostos intermediários.

7) **Ética** do grego: *ethos***:** refere-se à reflexão argumentativa sobre como fazer a coisa certa. Propõe-se questionar os valores e princípios morais que devem orientar as nossas acções em diferentes situações, a fim de agir em conformidade com os mesmos. Note-se que existem três campos principais em que se estende, nomeadamente

a) Ética normativa ou substancial (consequentia=list, deontológica ou ética de virtude)

b) Meta-ética = filosofia moral

c) Ética aplicada (por disciplina), situações concretas, apoio à decisão Porque é que os cuidados de saúde precisam de ética? Ajuda médica na morte, Hidrocarbonetos

8) **A moralidade,** dos *costumes* latinos, que significa muros, é o conjunto de valores que distinguem o bem do mal, o justo do injusto, o aceitável do inaceitável. Por vezes é assimilado à ética.

9) **Deontologia:** é o conjunto de princípios e regras éticas que gerem e guiam uma actividade.

III. A comunidade moral do farmacêutico

O químico não está sozinho no mundo, ele interage com o seu ambiente e com os outros, estando por isso sujeito ao princípio da comunidade. Neste caso, é a comunidade moral. Pode ser múltipla:

Como Robert Sinsheimer afirmou, todos os químicos pertencem a várias comunidades simultaneamente e cada um tem o seu próprio conjunto de responsabilidades,

J O químico é um membro de uma profissão sujeita à ampla ética profissional da ciência e aos códigos de ética mais específicos da química.

J Quase todos os químicos são empregados por uma instituição, uma faculdade ou universidade, um laboratório governamental ou privado de investigação, uma agência governamental ou uma empresa. Cada um tem a sua própria cultura e expectativas. Porque uma grande proporção dos químicos é empregada pela indústria, a influência da instituição é um factor mais importante na ética da química do que em quase qualquer outro ramo da ciência.

J Todos os químicos são membros da comunidade humana e têm as mesmas obrigações morais que todos os outros.

O facto de o químico pertencer simultaneamente a estas diferentes comunidades dá frequentemente origem a dilemas morais. Por exemplo, "*em que momento é que a responsabilidade moral do químico enquanto membro da comunidade humana tem precedência sobre as obrigações para com uma instituição ou um país?* Note-se que o cenário moral pode ser ainda mais complicado pelas crenças e práticas religiosas do cientista. De facto, estas podem influenciar fortemente certas decisões morais.

IV. As motivações do químico empreendedor em relação à moralidade

A) Motivação

Uma das missões do químico empreendedor é desenvolver uma nova molécula. Por conseguinte, é obrigado a equipar-se com uma metodologia de investigação ou a inspirar-se no modelo dos quadrantes de Pasteur e Edison, ilustrado como se segue:

Quest for fundamental understanding?	Consideration of Use? No	Consideration of Use? Yes
Yes	Pure fundamental research (Bohr)	Use-inspired basic research (Pasteur)
No		Pure applied research (Edison)

Figura 1: Quadrantes Pasteur e Edison

Com base neste modelo, observa-se que a síntese pode ser motivada por uma possível utilização da nova substância. Isto levanta várias questões éticas.

Então, para que será utilizada a nova substância? Esta é a pergunta que o químico empreendedor deve fazer a si próprio, especialmente quando sabemos que existem pelo menos seis grandes categorias de substâncias químicas utilizadas na sociedade moderna:

J Produtos químicos estruturais, plásticos a granel e fibras sintéticas.

J Produtos agrícolas, pesticidas, herbicidas e fertilizantes.

J Medicamentos.

J Produtos químicos de tratamento, tanto para uso industrial como doméstico.

J Produtos de cuidados pessoais tais como sabonetes e cosméticos.

J Produtos químicos relacionados com a alimentação. Estes incluiriam produtos a granel, tais como sal e açúcar, mas também aditivos alimentares, tais como aromatizantes e conservantes.

Com base nestas amplas categorias, existem muitos tipos diferentes de moléculas que um químico pode tentar fazer, por isso a decisão de sintetizar uma nova molécula tem em conta considerações científicas, económicas e éticas.

Note-se, portanto, que há três factores que devem ser tidos em conta na materialização de um produto por um químico, a saber

- O modelo de investigação
- O tipo de produto a ser sintetizado
- O objectivo da investigação.

Estes três factores serão, portanto, ponderados de forma diferente consoante a investigação seja realizada numa universidade ou num laboratório governamental onde o químico tem um controlo considerável sobre o que faz, ou num ambiente industrial onde o programa de investigação é largamente determinado pela empresa.

Estudo de caso:

J "A avaliação é baseada no que eles irão substituir. Se a nova substância tiver vantagens significativas e não tiver a maioria das desvantagens do que é actualmente utilizado, é aceite.

"Um exemplo histórico útil é o dos refrigerantes de clorofluorocarbonos. Na altura da sua introdução, foram considerados um grande avanço, uma vez que substituíram substâncias tóxicas como o cloreto de metilo e o dióxido de enxofre, bem como o amoníaco líquido. Foi apenas muito mais tarde que os efeitos ambientais negativos dos clorofluorocarbonos foram descobertos e foi iniciada uma procura de alternativas mais benignas. O que inicialmente foi visto como uma grande vantagem, a estabilidade química, acabou mais tarde por conduzir a um grande problema ambiental, a destruição do ozono na estratosfera. Esta é uma situação comum na introdução de novas substâncias químicas. A avaliação baseia-se no que irão substituir. Se a nova substância tiver vantagens significativas e não tiver a maioria das desvantagens do que é actualmente utilizado, é aceite.

S O problema dos efeitos biológicos imprevistos devido **à** existência de **quiralidade.**

Quiralidade do grego "Kheir" (mão) significa essencialmente "imagem de espelho, moléculas não superáveis", por isso, dizer que uma molécula é quiral é dizer que a sua imagem de espelho não é a mesma que ela própria. Ilustração

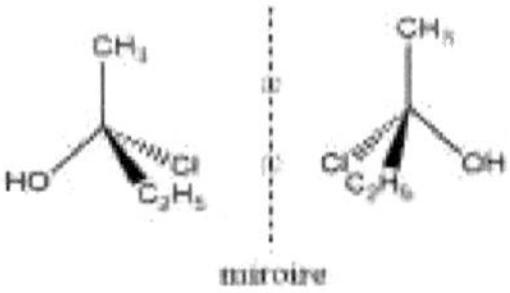

Da ilustração acima, diz-se que estes dois compostos são estereoisómeros e que teriam propriedades biológicas significativamente diferentes sobre um organismo.

"O exemplo mais familiar é a triste história da (±) talidomida que foi prescrita para ajudar mulheres grávidas que sofriam de enjoos matinais entre 1957 e 1962, mas que foi retirada do mercado quando se provou ser um potente teratogénio causador de várias malformações congénitas. A talidomida foi vendida como uma mistura racémica como a maioria das drogas na altura, devido ao custo de separar as formas esquerda e direita versus a falta de conhecimento sobre as diferenças nos efeitos fisiológicos dos dois enantiómeros. Pesquisas realizadas após a retirada da droga do mercado sugerem que apenas um dos enantiómeros é teratogénico, mas a situação é complicada pelo facto de o enantiómero "inofensivo" se transformar na forma "nociva" em condições fisiológicas. A tragédia da talidomida levou a regulamentos mais rigorosos sobre testes de drogas e ao aumento da produção de drogas enantiómeras únicas (Hoffmann, 1995, capítulo 27, DeCamp, 1989). Do acima exposto, é evidente que, em comparação com as drogas e alguns produtos agrícolas que são regulamentados, a maioria dos produtos químicos não o são. Existe, portanto, um risco significativo de consequências não intencionais para cada nova substância criada.

Note-se que se uma molécula é quiral ou aciral depende de uma série de condições de sobreposição.

J **A pureza da** nova substância

Um dos desafios da síntese química é a obtenção de um produto puro para comercialização. De facto, a maioria das reacções químicas não dão um produto 100% puro. Os subprodutos indesejados são geralmente formados, e estes podem ser difíceis e dispendiosos de remover. Por vezes, a substância resultante, embora possa ter características puras, contém elementos de impureza em baixas concentrações que são frequentemente letais. *"O exemplo familiar é a dioxina, um composto altamente tóxico que é um contaminante inevitável do herbicida amplamente utilizado 2, 4, 5-T. A dioxina está presente em concentrações variáveis em todas as preparações comerciais do herbicida. Em princípio, pode ser removida, mas a que custo? Com exposições suficientes, a dioxina é um grave perigo para a saúde, mas a questão prática é se o nível de contaminação é suficientemente significativo para constituir um perigo real para a saúde pública.*

B) O que é que os químicos têm de sintetizar?

Devem as moléculas ser sintetizadas por necessidade para os pobres ou por lazer para os ricos? Ou melhor ainda, devem as moléculas ser sintetizadas para ganhar dinheiro?

A principal responsabilidade profissional dos químicos é servir o bem comum e fazer avançar o conhecimento científico. Os químicos devem, portanto, estar activamente preocupados com a saúde e o bem-estar de todos. Isto inclui os seus colegas, consumidores e a comunidade em geral. Os comentários públicos sobre questões científicas devem, portanto, ser formulados com cuidado e precisão, sem declarações infundadas, exageradas ou prematuras (**American Chemical Society, 2012**).

V. As responsabilidades éticas do farmacêutico

As contribuições da química falam por si ao longo da história. Embora significativas para o progresso humano, não estão isentas das suas preocupações, especialmente quando se trata de poluição ambiental.

Este progresso é identificado com a pletora de produtos químicos que foram descobertos. Estes produtos, a maioria dos quais são sintéticos, tornaram-se uma parte importante das nossas vidas. Isto apresenta ao químico desafios científicos e éticos. Neste capítulo, vários destes desafios são descritos com ênfase nas questões éticas que decorrem da natureza única da ciência da química.

Por conseguinte, é evidente que quando uma nova substância é criada, os químicos têm de pensar sobre os efeitos a longo prazo deste composto. Bem, se a substância for para fins comerciais, o químico empreendedor terá de desenvolver métodos de produção que tenham em conta os aspectos ambientais e ecológicos, conservando ao mesmo tempo recursos não renováveis. A um nível mais amplo, o químico terá de examinar os problemas da sua sociedade e trabalhar para melhorar a condição humana, especialmente a vida das pessoas que vivem em países subdesenvolvidos como os Camarões.

O químico deve também reflectir sobre o seu papel na preservação não só da saúde, mas também da segurança do planeta. As suas acções devem também contar quando se trata do desenvolvimento de armas.

Finalmente, a química é uma ciência que tem origem no laboratório, por isso é importante que a prática laboratorial adira aos mais elevados padrões profissionais e éticos.

Anexos e referências :

- Ethics in Chemistry, código 161. https://docplayer.*fr/104795670-Ch161-ethique-en-chimie.htm - Hoffmann, 1995, capítulo 27, De- Camp, 1989*
- *Sociedade Americana de Química, 2012*

Capítulo II
o químico e a lei

A fim de empreender um negócio para ganhar dinheiro, o químico deve compreender os códigos da sociedade. Estes códigos têm em conta as leis que regem o seu ambiente, nomeadamente o direito, a economia e a sociologia. Este capítulo visa equipar o empresário químico com o funcionamento legal da prática da química nos Camarões. Claro que não nos estamos a substituir ao químico profissional, uma vez que o objectivo aqui é informá-lo sobre o que ele ou ela precisa de saber em termos de leis quando se dedica ao empreendedorismo químico nos Camarões.

I. Conceitos de Direito e Legislação
I-1. A Lei

Do latim "*directus*", linha recta, directa, a palavra "recta" tem vários significados.

Em primeiro lugar, o direito significa a capacidade de executar uma acção, de desfrutar de algo, de o reivindicar, de o exigir. **Exemplos:** o direito de votar, de estar no direito.

Em segundo lugar, uma taxa é um imposto cujo pagamento permite que algo seja utilizado ou alcançado ou dá um direito a uma vantagem, uma prerrogativa. **Exemplo:** direitos de autor.

Em terceiro lugar, a lei é o conjunto de regras gerais que regem as relações entre indivíduos e definem os seus direitos e prerrogativas, bem como o que é obrigatório, autorizado ou proibido.

Direito objectivo e subjectivo

O direito subjectivo é aquele que trata das prerrogativas atribuídas ao Homem como pessoa humana e sujeito de direito. Cada um de nós tem o seu próprio direito subjectivo.

Exemplo: eu tenho o direito de alertar e de me tornar, você tem direito à vida, ele tem direito a um emprego.

Por outro lado, "lei objectiva" é o conjunto de regras e normas jurídicas vinculativas aplicáveis num país. A sua violação pode ser sancionada pelas autoridades públicas.

A lei objectiva é formulada de uma forma geral e impessoal. É dirigida a todas as pessoas que constituem o corpo social.

A lei objectiva é conhecida por outros nomes: Também é chamada de lei positiva ou sistema legal.

O que é a lei positiva?

Como já começou, a clarificação do conceito de "direito positivo" deve continuar, uma vez que é realmente essencial.

Composto por duas palavras, "Direito" e "Positivo", o conceito vem etimologicamente do latim "*directus*" e "*positus*" (deitar, lugar, encontrado). Assim, "direito positivo": refere-se ao corpo de direito efectivamente em vigor num Estado ou grupo de Estados.

Note-se, por exemplo, que todas as normas legais em vigor no Burkina Faso são a lei positiva do

Burkina Faso e as que estão em vigor na República Democrática do Congo são as leis positivas desse país. É o sistema romano-germânico (chamado direito civil ou direito continental).
Assim, todos os conceitos jurídicos abrangidos por este sistema jurídico são comuns e válidos em todos os Estados que adoptam o mesmo sistema jurídico. Por exemplo, em África, os países que adoptam o mesmo sistema jurídico (direito romano-germânico ou civil) são o Benim, Burkina Faso, Camarões (parte francófona), Costa do Marfim, República Centro Africana, República do Congo, República Democrática do Congo, Mali, Marrocos, Níger, Senegal, Chade, Togo. Alemanha (anteriormente). É por esta razão que todos os países africanos francófonos adoptam o mesmo sistema jurídico.

A par dos países que adoptam o direito civil, ou seja, o direito romano-germânico ou continental, há os que aplicam o direito comum, ou seja, o direito anglo-saxónico. No entanto, apesar desta diferença nos sistemas jurídicos, quase todos os países africanos pertencem à mesma lei positiva decretada pela União Africana. Este é o direito positivo africano (direito comunitário). A Carta Africana dos Direitos Humanos e dos Povos (ACHPR) é um exemplo. Do mesmo modo, existe o direito internacional positivo. Este direito positivo é regido por leis de competência universal (convenções internacionais), tais como a Carta das Nações Unidas de 1945.

É de notar que a lei positiva é escrita e publicada. O seu cumprimento é sancionado pelo recurso aos tribunais responsáveis pela sua aplicação. Consiste em todos os documentos legais oficiais: leis, decretos, regulamentos administrativos, regras de procedimento e sentenças.

A nível internacional, o direito substantivo aplicável consiste em todos os acordos e tratados em vigor.

A razão para insistir nestes detalhes é chamar a atenção para o facto de que "a lei é a lei". Qualquer pessoa que saiba como funciona pode utilizá-la onde for necessário.

O conteúdo da disciplina jurídica

No país jurídico, poder-se-ia falar de forma tradicional, de Direito Privado e de Direito Público. A isto chama-se "SUMMADIVISIO". A estes dois ramos, foi acrescentado o direito económico e social, também chamado "direito dos negócios".

Direito público

O direito público consiste em todas as regras relativas à relação entre o Estado e ele próprio, ou entre o Estado e as pessoas privadas. Esta lei inclui em particular :

- *Direito Constitucional ;*
- *Direito administrativo ;*
- *Direito fiscal ;*
- Direito internacional público (direito dos tratados, direito do mar, direito dos apátridas, etc.)

Direito privado

O direito privado é o conjunto de regras que regem as relações entre as pessoas. Inclui, entre outros :

- *Direito civil (direito das pessoas, direito de família, direito de propriedade, direito das obrigações, direito das sucessões, etc.);*
- *Lei rural;*
- *Direito Internacional Privado.*

Direito económico e social

O direito económico é a lei que rege o sector económico, o mundo do trabalho. Separação ou demarcação entre direitos públicos e privados. Podemos mencionar : - *direito comercial - direito bancário, - direito da aviação, - direito da propriedade industrial, - direito da concorrência, - direito do consumidor, etc.*

Contudo, em geral, tanto o direito económico como o social são de direito privado.

Quanto ao direito social, é sobretudo o direito do trabalho, o direito da segurança social

Direitos mistos

Estes são direitos que estão divididos entre o direito público e privado. Nesta categoria, podemos referir-nos ao direito penal

Direitos Humanos.

Mas é evidente que os direitos humanos vão muito mais longe do que estar apenas divididos entre o direito público e o direito privado, eles também se preocupam com o direito económico e social. A cada uma destas divisões do direito, alguns autores acrescentam o ***Direito Judiciário***.

Sendo o ***Judiciário*** o todo que toca a justiça, o Direito Judiciário diz respeito à Organização da Jurisdição Judiciária (OCJ), bem como aos Procedimentos. Face a isto, é importante especificar, como começámos a fazer anteriormente, que existem vários sistemas jurídicos dos quais os principais são :

- ***O sistema de*** direito ***romano-germânico*** ou civil do qual deriva a classificação acima;
- ***O sistema anglo-saxónico*** ou ***de direito comum***
- ***O sistema religioso*** (lei canónica, lei muçulmana)

Esta diferença nos sistemas jurídicos implica que existem céus onde as diferentes divisões do direito que acabamos de mencionar não encontrarão a sua razão de ser.

I-2. A lei

Do latim *lex*, a palavra lei é um termo geral utilizado para designar uma regra, norma, prescrição ou obrigação, geral e permanente, que emana de uma autoridade soberana, nomeadamente o poder legislativo. Por extensão, a lei é o conjunto de leis. A lei é imposta a todos os indivíduos de uma sociedade e a sua não observância é sancionada pela força pública. É a principal fonte do direito. A lei é a lei escrita.

Uma vez que a lei é uma fonte de direito, onde deve o químico encontrar a lei para a conhecer, uma vez que nos é dito frequentemente que "a lei disse" ou melhor, que "ninguém é suposto ignorar a lei". O facto de o químico não ser um advogado por formação não o isenta deste princípio. Além disso, mesmo os advogados não conhecem automaticamente todas as leis, uma vez que estas são feitas e desfeitas quase todos os dias. No entanto, o privilégio que estas pessoas têm é saber onde ir para encontrar as leis quando precisam delas.

Então, onde está a lei que não é suposto conhecer?

Se prestarmos atenção aos factos da sociedade e observarmos como esta sociedade funciona, podemos dizer que as leis estão escritas na constituição, decretos, convenções internacionais, etc. Para o profissional do direito, ele dirá, com base na lei positiva dos nossos países do sistema germano-romano, que a lei se encontra no que muitas vezes ouvimos chamar

J Constituição,

J Tratados, Convenções Internacionais,
J Lei, código, portaria,
Princípios gerais do direito
J Regulamento,
Decreto,
Parar,
J Circular, directrizes
J Contratos.
Isto está de acordo com o que pensa um observador informado.

Mas antes de explicar estes diferentes conceitos, deve ser lembrado que a lei não está necessariamente escrita. Também pode ser tácita (não escrita).

- A Constituição

Uma constituição é a lei fundamental de um Estado. É o conjunto de textos legais que definem e governam as instituições do Estado e as organizam. Por outras palavras, a constituição define os direitos e liberdades dos cidadãos, bem como a organização e separação do poder político (legislativo, executivo, judicial) ao mesmo tempo que especifica a articulação e o funcionamento das diferentes instituições que compõem o Estado. Note-se que a constituição nem sempre é constituída por um único texto, pode também estar dispersa em vários outros textos que têm a mesma força que a própria constituição, neste caso falaremos de "bloco constitucional". Isto implica que, em alguns casos, a Lei Fundamental não está vinculada apenas à Constituição.

Exemplo: O ***Preâmbulo faz parte do "bloco de constitutionnalite"?*** *Qual é a sua natureza jurídica? O preâmbulo da Constituição dos Camarões faz parte do "bloc de constitutionnalite". De facto, o artigo 65 da Constituição de 18 de Janeiro de 1996 prevê: "O preâmbulo faz parte integrante da Constituição". O preâmbulo tem portanto o mesmo valor que o corpo da Constituição* (**7º CONGRESSO DO ACCPUF**)

É portanto necessário que o químico compreenda que quer se trate apenas da constituição ou de todo o bloco constitucional, é a lei fundamental de um país. Assim, todos os outros textos com força de lei devem estar em conformidade com a lei fundamental.

É importante saber que muito frequentemente uma constituição é um documento escrito, o que não é o caso da Grã-Bretanha.

- Tratados e Convenções Internacionais

Tratado, acordo, convenção, entendimento e protocolo são termos geralmente utilizados no mundo das relações internacionais para designar um compromisso jurídico para além das fronteiras de uma nação (direito internacional). Um **tratado** é geralmente definido como um acordo escrito e solenemente assinado entre dois ou mais Estados. Enquanto que uma **convenção internacional** é uma espécie de pacto, um acordo de vontade, celebrado entre dois ou mais Estados e que é semelhante a um contrato. Refere-se também ao que é acordado para ser *pensado*, para ser *feito*, numa sociedade. Estes dois termos (Tratados e Convenções Internacionais) assumem frequentemente as seguintes denominações: Carta, Acordo, Pacto. Em comparação com o "Bloco Constitucional", aqui falamos de "Bloco Convencional", que se refere a todos os tratados e acordos internacionais assinados por um Estado com outros Estados e/ou organizações internacionais.

Exemplo:

a) ***Convenção sobre a Proibição de Armas Químicas***

"A Convenção sobre a Proibição do Desenvolvimento, Produção, Armazenagem e Utilização de Armas Químicas e sobre a sua Destruição (também conhecida como Convenção sobre Armas Químicas) foi aberta para assinatura numa cerimónia em Paris, a 13 de Janeiro de 1993. Quatro anos mais tarde, em Abril de 1997, a Convenção entrou em vigor. (Convenção sobre as Armas Químicas | OPCW (opcw.org))

b) ***"A Convenção Minamata (MC) sobre o mercúrio",*** (que entrou em vigor a 16 de Agosto de 2017, é um tratado global que visa proteger a saúde humana e o ambiente das emissões antropogénicas de mercúrio e dos seus compostos). A República dos Camarões tornou-se signatária da Convenção de Minamata a 24 de Setembro de 2014.

c) ***Convenção sobre Substâncias Psicotrópicas de 1971.*** Ratifiee par le. **Camarões** le 5 juin 1981

d) ***Convenção de Estocolmo sobre Poluentes Orgânicos Persistentes.*** Assinada pelos **Camarões em** 05 de Outubro de 2001, e ratificada em 26 de Maio de 2005.

- As Leis

Uma **lei** pode ser definida como um texto adoptado pelo Parlamento e promulgado pelo Presidente da República, quer sob proposta dos parlamentares (deputados ou senadores), quer com base num projecto apresentado pelo governo. É de notar que este esquema diz respeito aos países que utilizam o direito civil.

Exemplo:

1) *Lei n°96/12 de 5 de Agosto de 1996 relativa à lei-quadro sobre a gestão ambiental*

2) *Lei n°77/15 de 6 de Dezembro de 1977 para regulamentar as substâncias explosivas e os detonadores nos Camarões*

3) *Lei n°2018/02a de 11 de Dezembro de 2018 relativa à lei-quadro sobre a segurança alimentar*

4) *Lei n° 2001-9 de 23 de Julho de 2001 que estabelece a organização e as modalidades de exercício da profissão de engenheiro químico nos Camarões*

5) *Lei nº 2016/015 de 14 de Dezembro de 2016 para estabelecer o regime geral de armas e munições nos Camarões.*

Quando o texto da lei vem do parlamento, chama-se "***Projecto de Lei***", quando vem do governo, chama-se "***Projecto de Lei***".

Um **projecto de lei** é um texto preparado por um ou mais parlamentares que pode tornar-se lei se for colocado na ordem do dia dos trabalhos parlamentares e se for adoptado pela Assembleia Nacional (e pelo Senado dependendo do país). Nos Camarões, os projectos e propostas de lei são apresentados tanto na Assembleia Nacional como no Senado. São examinados pelas comissões competentes antes de serem discutidos em sessão plenária.

Um projecto de lei é um texto que se destina a tornar-se lei e que emana do governo. Após ser adoptado pelo Conselho de Ministros, é submetido ao Parlamento para ser votado por este. **Exemplo:** **o** *Governo* **camaronês** *apresentou ao legislador* **o projecto de lei de** *finanças de 2022 e os seus anexos para consideração.*

O conjunto dos textos jurídicos que emanam do Parlamento são referidos como o "**bloc de legalite**" ou "**bloc legislatif**".

- Princípios Gerais do Direito

Princípios Gerais (GP) são regras não escritas de aplicação geral que não estão formuladas em nenhum texto mas que o juiz considera vinculativas para a administração e o Estado e cuja violação é considerada como uma violação do Estado de direito. Preenchem três critérios:

a) Aplicam-se mesmo na ausência de um texto;

b) Derivam da jurisprudência (sendo a jurisprudência o conjunto de decisões normalmente proferidas pelos vários tribunais em relação a um determinado problema jurídico e das quais se podem deduzir princípios de direito),

c) São "descobertas" pelo juiz com base no estado da lei e da sociedade num dado momento, **Exemplos**: Princípios gerais do direito baseados na igualdade: Igualdade perante o imposto, Igualdade perante os encargos públicos, Igualdade de acesso dos cidadãos aos empregos públicos.

- Um conjunto de regras

Do latim "*regula*", que significa regra, lei, um regulamento é um acto "legislativo" emitido por uma autoridade que não o Parlamento, em particular o poder executivo, e que estabelece uma regra geral. Assim, podemos encontrar vários tipos de regulamentos, nomeadamente: decretos, portarias, ordens.

O termo "bloco regulamentar" é utilizado para designar todos os textos legais emitidos pelo poder executivo.

Nos Camarões, o poder regulamentar é exercido pelo Presidente da República e pelo Primeiro-Ministro, de acordo com os artigos 8, 9 e 12 da Constituição Camaronesa. Também pode ser feito por delegação, que é chamada de poder regulamentar delegado. Ministros, prefeitos, presidentes de câmara e assembleias deliberativas de comunidades territoriais também têm poderes de regulamentação. Note-se que mesmo os ***regulamentos*** (e estatutos) ***internos*** das organizações constituem uma "lei" para os seus membros.

Definição de alguns exemplos de regulamentos

a) Dicret

Do latim "*decretum*", que significa decisão, sentença, o **Decreto** é um acto executório emitido pelo poder executivo. É uma decisão que ordena ou regula algo. Pode ser de âmbito geral quando formula uma norma de direito, ou individual quando diz respeito apenas a uma pessoa (exemplo: uma nomeação). Falando de Decreto, deve dizer-se que existem vários, incluindo simples Decretos e Decretos em Conselho de Ministros (assinados em Conselho de Ministros pelo Presidente da República).

Exemplo:

1) Decreto n°2011/2581/pm de 23 de Agosto de 2011 sobre a regulamentação dos produtos químicos nocivos e/ou perigosos

2) Decreto n°81 -279 de 15 de Julho de 1981 que fixa as modalidades de aplicação da Lei n° 77-15 de 6 de Dezembro de 1977 sobre a regulamentação das substâncias explosivas e dos detonadores.

3) Decreto n°2011/2585/pm de 23 de Agosto de 2011 que estabelece a lista de substâncias nocivas ou perigosas e o regime para a sua descarga em águas continentais.

4) Decreto N°98-405/PM de 22 de Outubro de 1998 que fixa as modalidades de aprovação e comercialização de produtos farmacêuticos

b) Encomenda

Um termo derivado da palavra latina "*ordinare",* que literalmente significa estabelecer em ordem, dar uma ordem, uma portaria é aquela que é prescrita por uma autoridade competente ou uma pessoa com o direito ou poder para o fazer. Muitas vezes é uma medida tomada pelo governo numa área que é normalmente uma questão de lei.

Exemplo:

Portaria sobre a Protecção contra Substâncias e Preparações Perigosas (ChemO), de 5 de Junho de 2015; Conselho Federal Suíço.

O termo ordem é por vezes traduzido como uma decisão judicial tomada por certos tribunais ou por um juiz de instrução. É o termo frequentemente utilizado quando uma decisão judicial é proferida por um único magistrado.

c) Arrete

Antes de mais, é preciso dizer que existem vários tipos de encomendas. Podemos mencionar ordens ministeriais ou interministeriais, ordens provinciais, departamentais, municipais, etc.

Em termos de definição, uma ordem é um acto administrativo, de âmbito geral ou individual, emitido por uma autoridade ministerial (ordem ministerial ou interministerial) ou por outra autoridade administrativa (ordem prefeitoral ou municipal).

Assinado por um membro do poder executivo no âmbito das suas competências jurídicas, o decreto é uma decisão escrita executória, tomada em aplicação de uma lei, um decreto ou uma portaria, a fim de fixar os pormenores da sua execução.

Exemplo: *Arrete N°23 du 11 septembre 1981 portant codification de la pharmacopee et confection du formulaire national.*

- **Os actos administrativos são leis**

Um acto administrativo é um acto jurídico emitido por uma autoridade administrativa para o interesse geral (por exemplo, uma circular).

A circular

Uma circular é uma carta ou documento interno reproduzido em vários exemplares e dirigido a diferentes pessoas dentro de uma empresa, administração ou organização (uma circular ministerial).

Uma circular administrativa é um documento escrito dirigido por uma autoridade administrativa (ministro ou chefe de departamento) aos seus subordinados a fim de os informar da interpretação a adoptar de uma determinada lei ou regulamento (decreto, despacho) e da forma de a aplicar na prática. Uma circular não é, em princípio, uma decisão. É uma recomendação que não é vinculativa, mas é a lei.

Exemplo: *circular interministerial DGPR/DGCCRF/DGT/DGS/DGDDI de 25/06/13 sobre o controlo de substâncias e produtos químicos (Republique de France)*

O contrato.

Os contratos são actos jurídicos cujo objectivo é criar efeitos jurídicos pretendidos pelas partes contratantes. São definidos pelo artigo 1101 do Código Civil Camaronês:

"Um contrato é um acordo pelo qual uma ou mais pessoas se vinculam, perante uma ou mais pessoas, a dar, a fazer ou a não fazer algo.

Uma vez celebrado, um contrato tem força de lei entre as partes signatárias.

Como um exemplo de uma escritura que é prova de um contrato :

Acordos colectivos: Convenção colectiva nacional das indústrias de chimiques e anexos de 30 de dezembro de 1952. Prolongada por decreto de 13 de Novembro de 1956 JONC 12 de Dezembro de 1956

Além disso, pode haver regulamentos de empresas ou estabelecimentos e contratos de trabalho.

- ***O código***

A palavra Código vem do latim codex, e refere-se a uma colecção de leis, registo, livro, livro jurídico. Concretamente, em direito, um código é definido como um conjunto de leis e textos regulamentares, normativos ou legais (**código** de honra) que define um sistema completo de legislação num ramo do direito. São frequentemente colocados numa colecção ou na mesma encadernação, organizados em livros, títulos, capítulos, secções, subsecções, parágrafos e artigos.

Por exemplo, ouvimos frequentemente falar do código mineiro, do código do petróleo, do código do trabalho, do código civil ou do código penal. Existem também códigos comerciais, códigos de contratos públicos, códigos fiscais gerais, códigos pessoais e familiares, etc.

Definições e explicações de alguns códigos

Código Civil

O Código Civil é um código legal que contém as disposições legislativas e regulamentares relativas ao direito civil, que rege as relações jurídicas entre pessoas (singulares ou colectivas) e os seus bens. Trata do estatuto das pessoas, do estatuto dos bens, do direito de família (filiação, casamento civil, divórcio), do direito das obrigações e dos contratos, das relações entre pessoas privadas, etc.

Código Penal

O Código Penal refere-se a todos os textos legais que definem infracções e sanções aplicáveis. É a codificação do direito penal.

O processo penal descreve as intervenções das autoridades estatais (polícia e justiça) desde a apresentação de uma queixa, a denúncia ou o estabelecimento de uma infracção até à decisão final da justiça.

Um código de processo penal é um código que agrupa todos os textos legais relacionados com a organização das várias fases do processo penal. Pode também ser referido como o Código de Processo Penal.

Código do Trabalho

O Código do Trabalho é uma colectânea da maioria dos textos aplicáveis ao direito do trabalho (leis, decretos, regulamentos). Regula as relações laborais entre empregadores e empregados do sector privado, bem como para certos empregados do sector público que estão sujeitos a estatutos especiais.

Exemplos de códigos que o químico que quer empreender nos Camarões deve saber:

1) *Lei n.º 2019/008 de 25 de Abril de 2019 sobre o código petrolífero*
2) *Lei n.º 2012/006 de 19 de Abril de 2012 sobre o código do gás*
3) *Decreto N° 2002/648/PM de 26 de Março de 2002 - que fixa as modalidades de aplicação da lei N° 001 de 16 de Abril de 2001 Código Portant Minier.*

É bom saber: a diferença entre a legislação e o legislador

Legislação ?

Do latim *legislatio,* vindo do *lex, legis* significa direito, direito escrito, legislação é o conjunto de leis e regulamentos em vigor num país. Exemplo: legislação camaronesa ou ruandesa. Inclui a Constituição, leis promulgadas pelo ramo legislativo, assim como decretos, ordens e, em certa medida, circulares emitidas pelo ramo executivo. A legislação é também o conjunto de regras relativas a um domínio particular.

Exemplo: para designar o conjunto de regulamentos relativos à utilização de medicamentos, falaremos da legislação sobre medicamentos.

O legislador

Derivado da palavra latina "*legislador*", que é ela própria constituída por *lex, legis*, que significa direito, e *lator*, o portador. O legislador pode ser definido como a pessoa encarregada de legislar, ou seja, quem faz leis ou a lei no sentido geral. Muitas vezes o legislador faz parte de uma assembleia legislativa, que faz leis para um povo. A autoridade ou órgão que tem o poder de legislar, de promulgar normas de direito, é o legislador.

II. Substâncias químicas e legislação camaronesa

A fim de não confundir o leitor, os termos "químico" e "substância química" devem ser considerados permutáveis.

De acordo com a legislação francesa, mais precisamente o Código do Trabalho no seu artigo R. 4411-3 *"Entende-se por substâncias químicas os elementos químicos e seus compostos tal como ocorrem no estado natural ou tal como são obtidos por qualquer processo de produção, eventualmente contendo qualquer aditivo necessário para preservar a estabilidade do produto e qualquer impureza resultante do processo, com a exclusão de qualquer solvente que possa ser separado sem afectar a estabilidade da substância ou modificar a sua composição".*

Por outras palavras, "substâncias químicas" devem ser consideradas como substâncias de origem natural (mineral ou orgânica) ou sintética (artificiais). Note-se que, de acordo com esta definição, os solventes não são considerados.

Nos Camarões, de acordo com o Decreto n.º 2011/2584/pm de 23 de Agosto de 2011 para estabelecer o regime de protecção do solo e subsolo, um produto químico "é um produto obtido por processos químicos ou combinações". Aqui, o legislador não tem em conta as substâncias químicas de origem natural mas, no entanto, exclui as substâncias consideradas como solventes.

No que diz respeito às substâncias químicas de origem natural, o legislador camaronês faz a diferença entre substâncias minerais e substâncias radioactivas. Assim, de acordo com a lei n°2016-17 de 14 de Dezembro de 2016, as substâncias minerais "*são substâncias naturais amorfas ou cristalinas, líquidas ou gasosas, bem como substâncias orgânicas...*" enquanto que as substâncias radioactivas são o urânio, o tório e os seus derivados.

A Lei Camarões nº 2016/015 de 14 de Dezembro de 2016 sobre o regime geral das armas e munições refere-se a uma classe de substâncias químicas que é importante conhecer, nomeadamente "produtos químicos orgânicos". De facto, de acordo com o artigo 2 desta lei, uma substância química orgânica é definida como "*qualquer produto químico da classe de compostos químicos que inclua todos os compostos de carbono, com excepção dos óxidos e sulfuretos de carbono, bem como os carbonos metálicos, excepto: oligómeros, quer contenham ou não fósforo, enxofre ou flúor; produtos químicos que contenham apenas carbono e metal*".

Devido ao grande número de produtos químicos, são por vezes classificados quer por família, quer por uso ou propriedades. Deve-se, portanto, notar que um produto químico (ou uma substância química) pode, por exemplo, ser :

- sólido, líquido, gasoso, volátil, nanoparticulado ;
- solúvel ou não (em diferentes solventes orgânicos ou inorgânicos) ;
- utilizado em (ou obtido por) um processo químico ;
- da química orgânica ou inorgânica (exemplos: cobre (elemento químico), água pura (composto químico), diazote, cloreto de sódio, minerais, ligas);
- simples ou composto (exemplos: compostos orgânicos tais como hidratos de carbono, lípidos, proteínas, vitaminas, ácidos nucleicos, etc.);
- inerte ou quimicamente ou biologicamente activo;
- perigoso, perigoso, tóxico (incluindo neurotóxico, que afecta o desenvolvimento e inteligência cerebral5) ou ecotóxico, combustível, explosivo, corrosivo, biocida, etc. ;
- radioactivo (radioactividade alfa, beta e/ou gama) ;
- estável ou instável ;
- degradável, biodegradável, não biodegradável, etc.

Note-se que algumas substâncias são perigosas, apresentando riscos particulares tais como inflamabilidade, explosão e toxicidade.

III. O empresário químico e a lei

1) Substância ilícita e o químico

Todo o químico deve saber a que é exposto quando se envolve no manuseamento ou posse de substâncias ilícitas. Para começar, seria importante em si mesmo definir o que é uma substância ilícita do ponto de vista da lei camaronesa (lei n°97-019 de 7 de Agosto de 1997).

Na maioria dos casos, o termo substância do grupo de nomes "substância ilícita" refere-se a uma droga, tal como definido no dicionário *Wikipedia*, uma droga "*é um composto químico, bioquímico ou natural, capaz de alterar uma ou mais actividades neurais e/ou perturbar as comunicações neurais.*

Para efeitos da lei, uma substância ilícita é definida como qualquer "*substância classificada como droga narcótica ou psicotrópica por ou de acordo com as Convenções Internacionais...*". A natureza destas substâncias é que elas *são "...perigosas para a saúde pública devido aos efeitos nocivos que o seu abuso é susceptível de produzir...*". De acordo com estas Convenções, elas "*estão enumeradas numa das três tabelas seguintes, de acordo com a gravidade do risco para a saúde pública que o seu abuso pode acarretar e de acordo com o seu interesse médico ou não:*

- *Quadro I: Plantas e substâncias de alto risco sem interesse médico,*
- *Quadro II: Plantas de alto risco e substâncias de interesse médico.*
- *Quadro III: Plantas e substâncias de risco de interesse médico.*

As tabelas II e III estão divididas em dois grupos A e B, de acordo com as medidas que lhes são aplicáveis. (Art. 2).

Recordemos que, para o legislador, a preparação de substâncias ilícitas tal como enumeradas é uma infracção, e o mesmo se aplica às chamadas plantas psicotrópicas. Isto decorre da lei da seguinte forma: "as *substâncias utilizadas no fabrico de estupefacientes e substâncias psicotrópicas classificadas pela Convenção contra o tráfico ilícito de estupefacientes e substâncias psicotrópicas de 1988 e todas as outras substâncias químicas utilizadas nos processos de fabrico de estupefacientes ou substâncias psicotrópicas são denominadas "precursores" e estão enumeradas no Anexo IV: Precursores*". (Art.3)

No que diz respeito às preparações, o artigo 4º da lei estabelece que "*as misturas sólidas ou líquidas que contenham uma ou mais substâncias controladas e substâncias psicotrópicas divididas em unidades de dose são consideradas preparações e estão sujeitas ao mesmo regime que as substâncias que contêm". As preparações que contenham duas ou mais substâncias sujeitas a regimes diferentes estão sujeitas ao regime da substância mais rigorosamente controlada.*

Quanto às tabelas, como mencionado anteriormente, elas "são estabelecidas e modificadas, em particular por uma nova entrada, eliminação ou transferência de uma tabela para outra ou de um grupo para outro, por acto do Ministro responsável pela Saúde. Isto implica que o químico deve informar-se sobre a lista de substâncias consideradas ilícitas nos Camarões, por parte do Ministério da Saúde.

Para saber mais sobre esta área, recomenda-se a obtenção da "Lei n°97-019 de 7 de Agosto de 1997 sobre o controlo de estupefacientes, substâncias psicotrópicas e precursores e sobre extradição e assistência jurídica mútua em matéria de tráfico de estupefacientes, substâncias psicotrópicas e precursores", bem como os calendários das convenções, nomeadamente a *Convenção sobre Substâncias Psicotrópicas de 1971.* Ratificada pelos Camarões a 5 de Junho de 1981, que pode ser encontrada no site da OMS na Internet.

Tendo em conta o acima exposto, o químico empreendedor deve informar-se sobre o manuseamento de substâncias do ponto de vista legal, para que possa evitar o mais possível ser culpado de um delito. A este respeito, deve contactar profissionais da área ou obter informações sobre a molécula a ser sintetizada ou o produto a ser obtido. Isto deve dizer respeito não só ao ser vivo, mas também ao ambiente.

2) o químico e a contrafacção

A contrafacção refere-se ao acto de imitar algo genuíno, com a intenção de roubar, destruir ou substituir o original, para utilização em transacções ilegais, ou de outra forma enganar os indivíduos, fazendo-os acreditar que a falsificação é de valor igual ou superior ao real. Os bens falsificados são falsificações não autorizadas ou réplicas da coisa real.

Em química, diz respeito à patente, modelo de utilidade e marca registada. Assim, a contrafacção é um crime que envolve o roubo da marca registada de alguém ou o roubo da invenção.

Uma vez que as empresas, grandes e pequenas, utilizam marcas registadas para ajudar consumidores como você e eu a identificar os seus produtos, a contrafacção será um artigo que utiliza a marca registada de outra pessoa sem a sua permissão. Uma contrafacção será, portanto, um artigo que utiliza a marca registada de outra pessoa sem a sua permissão. Assim, ao fabricar ou vender uma contrafacção, os criminosos procuram lucrar injustamente com a reputação do proprietário da marca.

Claramente, a contrafacção é uma imitação fraudulenta (uma falsificação) de uma marca e produto de confiança.

Quanto à patente, com referência ao artigo L.615-1 do CPI francês: "*Qualquer violação dos direitos do titular da patente, tal como definidos nos artigos L.613-3 a L.613-6, constitui uma infracção. A infracção implica a responsabilidade civil do seu autor*.

Existem vários perfis de infracção de patentes em química.

Assim, notamos :

> Falsificadores que infringem deliberadamente um direito de propriedade intelectual em grande escala, tentando aproximar-se o mais possível dos produtos genuínos. Este é o tipo de contrafacção que está associado a organizações criminosas.

> Infractores da indústria. Podem ser industriais que acreditam que o direito de propriedade industrial contra o qual estão a ser contestados não tem base legal ou industriais que acreditam que os seus produtos estão fora do âmbito do monopólio, de boa ou má fé.

segundo o Acordo de Bangui, a infracção é definida como "*qualquer violação dos direitos do titular da patente...*". De acordo com o legislador da OAPI, os principais actos que constituem infracção são

- A utilização dos meios da invenção ;
- Ocultação ;
- A venda ou exposição para venda;
- A introdução no território nacional de um dos Estados-membros de um ou mais objectos. (Artigo 66, Anexo I do Acordo de Bangui)

Existem diferentes termos utilizados para descrever a violação ou roubo de direitos de propriedade intelectual para além de marcas registadas e patentes:

Pirataria: Quando alguém rouba os dircitos autorais de um artista, autor ou músico, geralmente descarregando ou copiando a sua obra sem pagamento e sem autorização.

Quebra de segredo comercial A quebra de segredo comercial envolve um terceiro que utiliza informação chave (um segredo comercial) para obter uma vantagem económica. Normalmente, a violação de um segredo comercial anda de mãos dadas com a violação de uma patente.

Para mais informações sobre o direito de propriedade intelectual, por favor leia o capítulo seguinte.

Em conclusão, o químico deve informar-se sobre o seu ambiente legal se desejar empreender um projecto.

Anexo e Referências :

- Módulo 1 (Introdução ao Curso de Direito), Academia Mundial do Futuro
- https://www.legifrance.gouv.fr/affichCode.do...
- Decreto n.º 2011/2584/PM de 23 de Agosto de 2011 que estabelece as modalidades de protecção do solo e do subsolo
- Lei n° 2016/015 de 14 de Dezembro de 2016 que estabelece o regime geral das armas e munições nos Camarões
- Lei n°97-019 de 7 de Agosto de 1997 sobre o controlo de estupefacientes, substâncias psicotrópicas e precursores e sobre extradição e assistência jurídica mútua em matéria de tráfico de estupefacientes, substâncias psicotrópicas e precursores.
- Código francês da propriedade intelectual
- Acordo de Bangui
- https://fr.wikipedia.org/wiki/Drogue

Capítulo III
o químico e a propriedade intelectual

Os avanços na química estão no centro das tecnologias de ponta numa vasta gama de indústrias. Para além de exemplos dos sectores farmacêutico e químico (descobrir, sintetizar e formular o mais recente medicamento blockbuster, por exemplo, ou desenvolver combustíveis renováveis ou plásticos recicláveis), os químicos estão agora a criar os novos materiais que constroem a tecnologia de amanhã, em campos tão diversos como a electrónica, aeroespacial, automóvel e dispositivos médicos.

Este capítulo discute os direitos de propriedade intelectual e a sua relação com o farmacêutico

1. O que é a propriedade intelectual?

Os bens tangíveis, sejam móveis ou imóveis, têm uma estrutura física e presença. São reconhecidos como bens desde tempos imemoráveis. Em contraste, os bens intangíveis só foram reconhecidos como bens no passado recente, quanto mais protegidos por direitos de propriedade intelectual.

Propriedade intelectual significa criação/inovação pelo homem e o pensamento de a proteger. Trata-se de um conceito muito complexo e complicado que remonta ao período medieval. No século XIX, várias leis de propriedade intelectual foram promulgadas para proteger os direitos dos indivíduos.

A propriedade intelectual (PI) refere-se a criações da mente, tais como invenções; obras literárias e artísticas; desenhos; e símbolos, nomes e imagens utilizados no comércio.

Ao contrário dos produtos que protegem, os bens de PI não podem ser vistos nem tocados. Isto pode tornar difícil para as empresas apreciar o seu verdadeiro valor. Tal como outras formas de propriedade, pode-se comprar, vender e licenciar propriedade intelectual. Os direitos de propriedade intelectual podem permitir que o proprietário intente uma acção ao abrigo do direito civil para tentar impedir que outros reproduzam, utilizem, importem ou vendam a sua criação.

Está subdividido em dois ramos, a saber

- ***Lapropri&i litt&aire et artistique,*** que trata dos direitos de autor e direitos conexos;
- ***Propriedade industrial,*** que se aplica a criações utilitárias, tais como patentes, modelos de utilidade, desenhos, certificados de cultivadores de plantas e sinais distintivos (marcas, nomes de domínio e denominações de origem).

I-1. Propriedade literária e artística

Trata-se de ***direitos de autor*** e ***direitos conexos***, como mencionado acima.

A) ***Direitos de autor***

Os direitos de autor visam proteger as criações de autores, neste caso escritores, artistas, compositores de música, e muitos outros. As criações destes são geralmente referidas como "obras".

De acordo com a lei camaronesa n° 2000/011 de 19/12/2000, "*Os direitos de autor referem-se à expressão pela qual as ideias são descritas, explicadas e ilustradas. Estende-se aos elementos característicos das obras, tais como o plano de uma obra literária, na medida em que está materialmente ligado à expressão.* Assim, os direitos de autor protegem a literatura (romances, poemas, peças de teatro), obras de referência (enciclopédias e dicionários), obras artísticas (pinturas, desenhos, fotografias e esculturas), música, obras dramáticas, software, bases de dados, filmes, emissões de rádio e televisão, gravações sonoras, criações publicitárias, mapas e desenhos técnicos, assim como edições publicadas.

Deve-se dizer que a protecção dos direitos de autor é apenas para a expressão do pensamento e não para o pensamento (a ideia). Por exemplo, a ideia de escrever sobre reactores químicos não é protegida por direitos de autor. Por conseguinte, qualquer pessoa pode escrever. Mas, um texto específico sobre o funcionamento de um reactor nuclear por um químico pode ser protegido por direitos de autor. Portanto, fazer cópias do referido texto e vendê-las sem a permissão do autor (químico) constitui uma violação dos direitos do autor.

a) Quais são as formalidades a serem protegidas pelos direitos de autor?

Os direitos de autor resultam da criação da obra sem registo ou outras formalidades. Isto significa que uma obra é protegida por direitos de autor desde o dia em que é criada (protegida desde o dia em que é feita). É importante saber que para uma obra ser protegida por direitos de autor, ela não tem em conta :

- A forma como o trabalho é comunicado ao público (forma escrita ou oral)
- A categoria da obra (uma pintura, um romance ou uma fotografia)
- O talento ou a genialidade do autor
- Quer a obra seja uma criação puramente artística ou arte aplicada.

b) A legislação camaronesa proporciona aos autores uma protecção particularmente elaborada.

Os direitos de autor conferem dois tipos de direitos:

- ***Direitos morais***, que dizem respeito à protecção dos interesses não económicos do autor
- ***Direitos económicos*** que permitem ao titular do direito receber uma remuneração como compensação financeira pela utilização e exploração das suas obras por terceiros.

Isto reflecte-se no Artigo 13 (1) e (2) da lei, que prevê que: *"(1) Os autores de obras do espírito gozarão, pelo simples facto da sua criação, de um direito exclusivo de propriedade aplicável contra todos, conhecido como "direito de autor", cuja protecção é organizada por esta lei. (2) Este direito compreende atributos de natureza moral e atributos de natureza patrimonial...")*

1) **Direitos morais :**

É de notar que uma obra, seja artística ou literária, é um reflexo da personalidade do autor. Para o legislador, existe uma forte ligação entre o autor e a sua obra, que merece ser protegida como direitos morais.

Este direito, entendido como um direito moral, confere ao autor o respeito pelo seu nome, a sua qualidade e a sua obra. O autor beneficia, portanto, das seguintes prerrogativas, conforme previsto no artigo 14 parágrafo 1: "*a) decidir sobre a divulgação e determinar os procedimentos e modalidades dessa divulgação; b) reivindicar a autoria da sua obra, exigindo que o seu nome ou estatuto seja indicado sempre que a obra seja posta à disposição do público; c) defender a integridade da sua obra opondo-se, nomeadamente, à sua distorção ou mutilação; d) pôr termo à divulgação da sua obra e fazer alterações à mesma.* "

Em termos simples, os direitos de autor dão ao autor :

- **O direito de divulgação.** O autor tem o poder de decidir se torna ou não a sua obra pública, assim como quando e como a obra é comunicada pela primeira vez.
- **O direito de autoria.** Este é o direito que permite ao autor colocar o seu nome na sua obra ou, se desejar, permanecer anónimo ou usar um pseudónimo.
- **O direito ao respeito pela integridade do livro.** Esta prerrogativa permite ao autor opor-se a qualquer modificação, eliminação ou adição que possa alterar a forma e o conteúdo da sua obra original.
- **O direito de retractação e arrependimento.** Graças a este direito, o autor pode voltar atrás na publicação da sua obra, não obstante a transferência dos seus direitos de exploração? ou seja, o autor pode decidir fazer alterações à obra (direito de arrependimento) ou parar a sua difusão (direito de retractação), em qualquer altura e sem ter de justificar a sua escolha (Art.14.2).
- **O direito de revenda**: *"...confere ao autor de obras gráficas ou plásticas ou manuscritos, não obstante qualquer transferência do original da obra ou manuscrito, um direito inalienável de participar no produto de qualquer venda desse original ou manuscrito feita em leilão público ou através de um revendedor, quaisquer que sejam os termos da transacção realizada por este último.* (Art. 20)

É importante notar que os direitos morais são os que constam no Artigo 14 parágrafo 4 da lei "...perpétuos, inalienáveis e imprescritíveis.

-) "Perpétuo" significa que os direitos morais permanecem após a morte do autor, mesmo após a extinção dos direitos económicos. Isto significa que os sucessores do autor podem exercer este direito, mesmo que a obra tenha caído no domínio público.

- i) "Inalienável" significaria que o autor não pode renunciar aos seus direitos morais ou cedê-los a um terceiro.
- ii) "Imprescritível" refere-se ao facto de que os direitos morais não caducam com o tempo. Assim, desde que a obra exista, e quer seja ou não explorada, o autor e os seus sucessores no título podem sempre exercer os seus direitos morais.

2) Direitos de propriedade

Estes direitos permitem ao autor ou aos seus sucessores, geralmente os seus herdeiros, beneficiar da sua obra sob qualquer forma. Estes incluem entre outros "...o direito de representação, o direito de reprodução, o direito de transformação, o direito de distribuição e o direito de revenda..." (Artigo 15 parágrafo 2). (l'Artigo 15 alinea 2).

Algumas traduções:

J Representação, que neste contexto significa a comunicação da obra ao público, tal como a representação de uma peça de teatro, a difusão de um filme na televisão ou na Internet, etc.
J Reprodução: que consiste na fixação material da obra, tal como a reprodução de uma fotografia num livro, música num CD, um filme num DVD, etc.
J Adaptação: refere-se à adaptação de um livro para um filme.

O autor pode, portanto, autorizar ou proibir os seguintes actos:

- **Reprodução em várias formas**
- **Distribuição** (venda de cópias da obra ao público);
- **Actuação em público** de um concerto ou peça ❖ **Emissão e comunicação ao público** (emissão em rádio ou televisão por cabo ou satélite);
- **Tradução para outras línguas** ;
- **Adaptação**

Os direitos económicos são limitados no tempo e podem ser cedidos a um terceiro. Como regra geral, a duração da protecção concedida inclui a vida do autor e 50 anos após a sua morte. Nos Camarões, esta lei é definida da seguinte forma: *"A duração dos direitos de propriedade, objecto da ... é de cinquenta anos a partir da data da sua morte:*

- *A partir do fim do ano civil de fixação, para fonogramas, videogramas e prestações fixadas nos mesmos;*
- *A partir do final do ano civil de execução, para execuções não fixadas em fonogramas ou videogramas;*
- *A partir do fim do ano civil de emissão, para os programas das empresas de comunicação*

audiovisual"... Art. 68

Isto é o oposto de direitos morais que são perpétuos e inalienáveis.

3) Como é feita a exploração dos direitos de autor?

Muitas obras criativas protegidas por direitos de autor requerem enormes investimentos financeiros, bem como competências profissionais para serem produzidas, difundidas e distribuídas. Na maioria dos casos, isto é feito por empresas especializadas tais como editoras, empresas de produção sonora ou cinematográfica e não directamente pelos autores. Para este fim, os autores e criadores transferem os seus direitos para estas empresas por contrato, em troca de uma remuneração. Aqui, a remuneração assume várias formas. Pode ser um pagamento fixo ou um royalty baseado numa percentagem do rendimento da obra.

Uma vez que muitos autores frequentemente não têm a possibilidade ou os meios para gerirem eles próprios os seus direitos, confiam frequentemente em organizações ou sociedades de gestão colectiva que fornecem aos seus membros conhecimentos e know-how administrativo e jurídico na cobrança, gestão e distribuição de royalties. Muitas vezes confiam em organizações ou sociedades de gestão colectiva que fornecem aos seus membros conhecimentos e know-how administrativo e jurídico na cobrança, gestão e distribuição de direitos de autor. Estes royalties derivam da utilização generalizada nacional e internacional do trabalho de um membro, por exemplo, por empresas de radiodifusão, discotecas, restaurantes, bibliotecas, universidades ou escolas.

4) Limitações e excepções aos direitos de autor.

Os direitos de autor estão sujeitos a limitações e excepções que têm em conta considerações de interesse social, educacional e outras de interesse público. Estas limitações e excepções aos direitos de autor são disposições da legislação local sobre direitos de autor ou da ***Convenção de Berna*** que permitem que obras protegidas por direitos de autor sejam utilizadas sem uma licença do proprietário dos direitos de autor. Assim, tratados internacionais e legislação nacional permitem a livre utilização de partes de uma obra para determinados fins, tais como reportagens de notícias, ou a utilização de citações de acordo com práticas justas, ou como ilustrações para o ensino. Deve dizer-se que esta liberdade de utilização varia, na maioria dos casos, de país para país. Por conseguinte, é aconselhável consultar a legislação nacional do país em questão a fim de verificar se esta possibilidade pode ser explorada ou evitada.

*"**A Convenção de Berna**, adoptada em 1886, trata da protecção das obras e dos direitos dos autores sobre as suas obras. Fornece aos criadores (autores, músicos, poetas, pintores, etc.) os meios para controlar a forma como as suas obras podem ser utilizadas, por quem e em que condições. Baseia-se em três princípios fundamentais e contém uma série de disposições que definem o nível mínimo de*

protecção que deve ser concedido, bem como disposições especiais para os países em desenvolvimento" (website: **Organização Mundial da Propriedade Intelectual**).

Os direitos de autor não são direitos de propriedade intelectual registáveis. Os direitos de autor surgem quando uma obra literária ou artística é criada, se for original. O código do programa, imagens de ecrã e documentação relacionada podem ser protegidos por direitos de autor. Os direitos de autor apenas protegem a forma sob a qual a obra é expressa.

B) Direito conexo (direito vizinho)

De acordo com a lei camaronesa, os direitos conexos ou direitos conexos "... *incluem os direitos dos artistas intérpretes ou executantes, dos produtores de fonogramas ou de videogramas e das empresas de comunicação audiovisual...*". (Art. 56º, 1). Estes direitos são semelhantes em alguns aspectos aos direitos de autor, mas não são direitos de autor, uma vez que se baseiam em obras protegidas por direitos de autor. A sua característica especial é que oferecem a mesma exclusividade que os direitos de autor, mas não cobrem a obra em si.

O objectivo dos direitos conexos é proteger os interesses legais de determinados indivíduos que têm um papel na disponibilização de obras no espaço público, incluindo, entre outros, aqueles que acrescentam criatividade, nomeadamente: artistas, produtores e difusores.

1) Artistas performativos:

Artistas: actores, músicos, cantores, dançarinos ou, em geral, pessoas que interpretam ou actuam. De acordo com a lei, têm o "*direito exclusivo de fazer ou autorizar os seguintes actos: a) comunicação ao público da sua execução, incluindo a colocação à disposição do público, por fio ou sem fio, da sua execução fixada num fonograma ou num videograma, de modo a que todos possam aceder ao mesmo a partir do local e no momento que escolherem individualmente.(b) a fixação da sua execução não fixada; c) a reprodução de uma fixação da sua execução; d) a distribuição de uma fixação da sua execução por venda, troca ou aluguer ao público; e) a utilização separada do som e da imagem da sua execução, quando a execução tenha sido fixada tanto para o som como para a imagem.*

Na ausência de acordo em contrário: a) qualquer autorização de emissão concedida a uma empresa de comunicação audiovisual é pessoal; b) a autorização de emissão não implica autorização de fixação da execução; c) a autorização de emissão e fixação da execução não implica autorização de reprodução da fixação; d) a autorização de fixação da execução e de reprodução da fixação não implica autorização de emissão da execução a partir da fixação ou das suas reproduções. (Art. 57)

O artista-intérprete também tem o "*direito ao respeito pelo seu nome, a sua qualidade e a sua interpretação. 2) Este direito está ligado à sua pessoa. É perpétuo, inalienável e imprescritível. É transmissível por morte...*". (Art. 58)

2) Os produtores

Para esta categoria, o legislador camaronês refere-se aos produtores de gravações sonoras (ou fonogramas) e aos produtores de videogramas

a) Produtores de fonogramas

"(1) O produtor do fonograma goza do direito exclusivo de fazer ou autorizar qualquer reprodução, colocando à disposição do público por venda, troca, aluguer ou comunicação ao público do fonograma, incluindo a colocação à disposição do público por fio ou sem fio do seu fonograma, de tal forma que os membros do público possam ter acesso ao mesmo num local e hora escolhidos individualmente por eles.2) Os direitos concedidos ao produtor do fonograma em virtude do parágrafo anterior, bem como os direitos de autor e os direitos dos artistas intérpretes ou executantes que este possa ter sobre a obra fixa, não serão objecto de cessões separadas. (Artigo 59°)

b) Produtores de videogramas

"(1) *O produtor do videograma goza do direito exclusivo de fazer ou autorizar qualquer reprodução, colocando à disposição do público por venda, troca, aluguer, ou comunicação ao público do videograma, incluindo a colocação à disposição do público, por fio ou sem fio, do seu videograma, de modo a que cada pessoa possa ter acesso ao mesmo num local e hora escolhidos individualmente por ele. (2) Os direitos concedidos ao produtor do videograma em virtude do parágrafo anterior, bem como os direitos de autor e os direitos dos artistas intérpretes ou executantes, que este possa ter na obra fixa, não podem ser objecto de cessões separadas...*". (Artigo 64°)

3) Emissoras.

Estas são empresas de comunicação audiovisual. Este tipo de empresas ... *"goza do direito exclusivo de actuar ou de se auto-exercitar:*

- *a fixação, reprodução da fixação, retransmissão dos seus programas e comunicação ao público dos seus programas, incluindo a colocação dos seus programas à disposição do público, por fio ou sem fio, de tal forma que os membros do público possam ter acesso aos mesmos num local e hora da sua escolha;*
- *a colocação à disposição do público através da venda, aluguer ou troca dos seus programas.*

(Art. 65)

Os Camarões são membros da comunidade internacional e signatários de algumas das convenções previstas pela Organização Mundial da Propriedade Intelectual e estas convenções prevêem a protecção dos direitos conexos, bem como a legislação nacional em matéria de direitos de autor e direitos conexos. A Convenção de Roma, o Tratado Mundial das Performances e Fonogramas (WPPT), o BTAP, o Acordo TRIPS protegem os artistas intérpretes ou executantes, os produtores e os radiodifusores de várias formas. Assim, os artistas intérpretes ou executantes gozam de direitos económicos que lhes permitem impedir a fixação, a radiodifusão e a comunicação ao público das suas execuções ao vivo. Também gozam de direitos de reprodução, distribuição e aluguer das suas execuções fixadas em fonogramas, bem como de direitos morais que lhes permitem impedir a omissão injustificada do seu nome ou opor-se a modificações das suas execuções contidas numa gravação sonora se tais modificações forem susceptíveis de prejudicar a sua reputação.

Os produtores de gravações sonoras (também chamados fonogramas) gozam principalmente do direito de autorizar ou proibir a reprodução e distribuição das suas gravações por terceiros. Gozam de uma protecção adequada e eficaz quando as gravações são divulgadas através de novas técnicas e sistemas de comunicação, tais como a Internet.

As emissoras têm o direito de autorizar ou proibir a retransmissão, fixação e reprodução dos seus programas.

4) Excepção, limitação e duração da protecção do direito conexo

Os direitos vizinhos estão sujeitos às mesmas excepções que os direitos de autor, que permitem a qualquer pessoa utilizar livremente execuções, gravações (som ou vídeo) ou emissões para fins específicos, tais como citações e reportagens. No que diz respeito à protecção, o legislador camaronês fixa "...a duração dos direitos económicos em cinquenta anos a partir de :

- o fim do ano civil de fixação, para fonogramas, videogramas e prestações fixadas nos mesmos;
- o fim do ano civil de execução, para execuções não fixadas em fonogramas ou videogramas;
- do fim do ano civil de emissão, para os programas das empresas de comunicação audiovisual"...

A propriedade literária e artística, que inclui os direitos de autor e direitos conexos, é essencial à criatividade humana, dando aos criadores incentivos sob a forma de reconhecimento e recompensas económicas justas. Ao abrigo deste sistema de direitos, os criadores têm a garantia de que as suas obras podem ser divulgadas sem receio de cópia não autorizada ou de pirataria. Isto, por sua vez, ajuda a aumentar o acesso e a fruição da cultura, do conhecimento e do entretenimento em todo o mundo. O químico pode assegurar a criação e reprodução das suas obras. Através da arte aplicada, o químico pode desenvolver corantes que servirão para realçar a beleza de um objecto. A este respeito recomendamos o livro intitulado **"L'Art-Chimie - Enquete dans le laboratoire des artistes"**, publicado por Michel de Maule, pelos autores Philippe Walter e François Cardinali.

I-2. Propriedade individual

A propriedade industrial inclui patentes, marcas registadas, desenhos industriais e indicações geográficas. É importante notar que esta parte será apoiada pelos artigos do Acordo de Bangui assinado pelos Camarões e que entrou em vigor em Março de 1977, revisto respectivamente em 1999 e 2015.

1) As marqies :

De acordo com o Anexo III do Acordo de Bangui, as marcas são consideradas "*...como qualquer sinal visível utilizado ou destinado a ser utilizado para distinguir os bens ou serviços de qualquer empresa e, em particular, nomes patronímicos tomados por si ou, sob uma forma distintiva, nomes especiais, a forma característica do produto ou da sua embalagem, rótulos, envelopes, invólucros, impressões, selos, carimbos, vinhetas, orlas, combinações ou arranjos de cores, desenhos, relevos, letras, figuras, lemas, pseudónimos...* " Art.1, parágrafo 1. que deve ser distinguido de uma marca colectiva que é considerada mais "... *como uma marca para produtos ou serviços, cujas condições de utilização são estabelecidas por um regulamento aprovado pela autoridade competente e que só podem ser utilizadas por grupos de direito público, sindicatos ou grupos de sindicatos, associações, grupos de produtores, industriais, artesãos ou comerciantes, desde que sejam oficialmente reconhecidas e que tenham capacidade jurídica.* Art.1 par.2. Uma marca comercial pode, portanto, ser definida como um sinal utilizado para indicar que os bens ou serviços são produzidos ou fornecidos por uma determinada pessoa ou empresa. Destina-se a distinguir bens ou serviços semelhantes produzidos ou fornecidos por empresas diferentes. Por exemplo, "**Solabiol**" é uma marca comercial que distingue certos produtos (fertilizante de relva) e "**DHL**" uma marca comercial que distingue certos serviços (serviços logísticos).

a) Que sinais não podem ser marcas registadas?

Nem todos os sinais podem ser marcas registadas. Há uma série de razões legais pelas quais um sinal não pode ser uma marca registada. Segundo o legislador, para que uma marca possa ser registada deve respeitar os seguintes pontos:

"(a) é desprovido de qualquer carácter distintivo, nomeadamente porque consiste em sinais ou indicações que constituem a designação necessária ou genérica do produto ou a composição do produto;

b) é idêntica a uma marca pertencente a outro titular que já esteja registada, ou que tenha uma data de depósito ou de prioridade anterior, para os mesmos produtos ou serviços, ou se se assemelhar a uma marca susceptível de causar engano ou confusão ;

c) é contrário à ordem pública, aos bons costumes ou à lei;

d) (e) reproduz, imita ou contém entre os seus elementos brasões, bandeiras ou outros emblemas, abreviaturas ou acrónimos ou um sinal ou marca oficial de controlo e garantia de um Estado ou de uma organização intergovernamental estabelecida por uma convenção internacional, a menos que a autoridade competente desse Estado ou organização o autorize.

Para este efeito, a marca registada pode ser uma palavra isolada (Bruker) ou uma combinação de palavras (Burger King), uma sequência de letras ou uma abreviatura (AOL, BMW, IBM), um ou mais dígitos (Canal 5), um patronímico (Renault, Michelin) ou iniciais (IBM for International Business Machines, IKEA for Ingvar **Kamprad**, Elmtaryd, Agunnaryd). Pode consistir num desenho (uma maçã para o apelo da empresa, chevrons para C^roë^ ou um sinal tridimensional, tal como a forma e embalagem do produto (a forma dos **wafers Kit Kat ou sapatos Crocs**). Pode também consistir numa combinação de cores ou numa cor particular (por exemplo, a cor Azul está associada à companhia telefónica CAMTEL). Deve também notar-se que sinais não visuais, tais como sons ou odores, podem também constituir uma marca registada.

Tendo em conta o acima exposto, a marca deve ser um sinal distintivo que distinguirá os produtos ou serviços a que está associada. Assim, o legislador aceita que uma palavra equivalente a uma mera descrição da natureza dos produtos ou serviços oferecidos não constitui necessariamente uma marca aceitável. Por exemplo, a marca registada Apple, que significa maçã em inglês, é válida quando utilizada para designar computadores mas não quando utilizada para designar maçãs reais.

Para além da marca colectiva, existe a marca de certificação que é um tipo especial de marca utilizada para indicar que um produto ou serviço cumpre um determinado padrão. Por exemplo, uma marca de certificação pode indicar que o produto ou serviço cumpre um determinado padrão de qualidade, é feito de materiais particulares, foi fabricado de uma determinada forma ou provém de um determinado local. Conforme definido, este tipo de marca é utilizado para distinguir produtos ou serviços que estão em conformidade com um conjunto de normas, e para os quais esta conformidade tenha sido certificada. Um exemplo disto é o símbolo Woolmark que está registado em 140 países e licenciado a fabricantes capazes de cumprir as normas de qualidade relevantes em 67 países.

b) Funções de uma marca

Uma marca serve para identificar a fonte ou origem dos produtos. A marca comercial tem as quatro funções seguintes.

Identifica o produto e a sua origem.

É um elemento essencial dos bens comerciais

Ajuda o consumidor a reconhecer o produto

O seu objectivo é garantir a sua qualidade.

Faz publicidade ao produto. A marca representa o produto.

Cria uma imagem do produto na mente do público, em particular dos consumidores ou potenciais consumidores destes bens.

É um instrumento de marketing para o produto

Pode ser licenciado e, portanto, ser uma fonte directa de receitas através de royalties

É útil para a obtenção de financiamento porque incentiva as empresas a investir na manutenção ou aumento da qualidade dos produtos;

c) **Protecção**

A forma mais comum e eficaz de proteger uma marca comercial é através do registo. A marca é um direito territorial, ou seja, deve ser registada em todos os países onde a protecção é desejada. Se tal não for feito, a marca pode ser utilizada por terceiros sem restrições.

Deve notar-se que a mesma marca pode ser utilizada por várias empresas diferentes. Desde que a associem a bens ou serviços que não sejam semelhantes. Quase todos os países possuem um registo de marca registada mantido pelo gabinete de marcas registadas competente, no caso dos Camarões, trata-se da Organização Africana da Propriedade Intelectual (OAPI). É preciso lembrar que o registo não é a única forma de assegurar a protecção da marca registada, mas o problema com este tipo de processo é o elevado risco de violação da marca registada.

A pessoa que regista uma marca beneficia da seguinte protecção nos termos do artigo 7º do Anexo III do Acordo de Bangui: "*(1) o registo da marca confere ao seu titular o direito exclusivo de utilizar a marca, ou um sinal semelhante, para os produtos ou serviços para os quais foi registada, e para produtos ou serviços semelhantes.*

2) O registo da marca confere igualmente ao titular o direito exclusivo de impedir que terceiros, agindo sem o seu consentimento, utilizem no decurso da actividade comercial sinais idênticos ou semelhantes para produtos ou serviços semelhantes àqueles para os quais a marca ou marca de serviço está registada, sempre que tal utilização possa dar origem a um risco de confusão. Em caso de utilização de um sinal idêntico para produtos e serviços idênticos, presume-se a existência de um risco de confusão.

3) o registo da marca não confere ao seu titular o direito de proibir terceiros de utilizar de boa fé o seu nome, endereço, pseudónimo, nome geográfico, ou indicações exactas relativas ao tipo, qualidade, quantidade, finalidade, valor, o local de origem ou o momento da produção dos seus bens ou apresentação dos seus serviços, desde que tal utilização se limite aos fins de simples identificação ou informação e não seja susceptível de induzir o público em erro quanto à origem dos bens ou serviços.

4) o registo de uma marca não confere ao seu titular o direito de proibir um terceiro de utilizar a marca em relação a produtos que tenham sido legalmente vendidos sob a marca no território nacional do Estado membro em que o direito de proibição é exercido, desde que esses produtos não tenham sofrido qualquer alteração.

O proprietário de uma marca comercial tem o direito exclusivo de utilizar a marca comercial:

- Utilizar a marca para distinguir os seus produtos ou serviços;
- Para impedir que terceiros utilizem ou comercializem a mesma marca ou uma marca semelhante para os mesmos bens ou serviços ou para produtos ou serviços semelhantes;
- Permitir a terceiros a utilização da marca (através de acordos de franchising ou de licenciamento) em troca de contrapartidas financeiras.

d) Como uma marca é registada em geral

O primeiro passo é apresentar um pedido de registo junto do serviço nacional ou regional competente em matéria de marcas. Este pedido deve incluir uma reprodução do sinal para o qual é pedido o registo, com todas as características que descrevem a marca (a sua cor, forma ou elementos tridimensionais). O pedido deve também conter uma lista dos produtos ou serviços a que o sinal será aplicado.

Os critérios para a obtenção de um direito de marca para um sinal são :

1) O sinal deve ser distintivo, ou seja, permitir que os consumidores o reconheçam como aplicável a um determinado produto e o distingam de outras marcas aplicáveis a outros produtos semelhantes;

2) O sinal não deve ser enganador, ou seja, não deve ser susceptível de induzir os consumidores em erro quanto à natureza ou qualidade do produto;

3) O sinal não deve ser contrário à ordem pública ou à moralidade;

4) O sinal não deve ser idêntico ou confusamente semelhante a uma marca existente; a fim de assegurar o cumprimento desta condição, o gabinete nacional/regional deve ter realizado actividades de pesquisa e exame ou uma oposição deve ter sido apresentada por um terceiro que reivindique direitos semelhantes ou idênticos na marca.

Na zona OAPI, que inclui os Camarões, o registo é descrito no artigo 14º do Anexo 3 do Acordo de Bangui da seguinte forma

"(1) Para qualquer pedido de registo de uma marca, a Organização examinará se os requisitos formais referidos nos artigos 8º e 9º do presente anexo foram cumpridos e se as taxas exigidas foram pagas.

5) (2) Qualquer pedido que não cumpra os requisitos das alíneas c) e e) do artigo 3º será rejeitado. (3) Qualquer pedido em que os requisitos formais referidos no artigo 8º, com excepção do nº 1, alínea b), e no artigo 11º não tenham sido observados, será considerado irregular. Esta irregularidade deve ser notificada ao requerente ou ao seu representante, convidando-o a rectificar os documentos no prazo de três meses a contar da data da notificação. Este prazo pode ser prorrogado por 30 dias em caso de necessidade justificada, a pedido do requerente ou do seu representante. O pedido assim regularizado dentro do referido prazo conservará a data do pedido inicial.

6) Se os documentos regularizados não forem fornecidos dentro do prazo estabelecido, o pedido de registo da marca será rejeitado.

7) A rejeição é pronunciada pelo Director-Geral da Organização.

8) Nenhum pedido será rejeitado nos termos dos n.ºs 2, 4 e 5 do presente artigo sem dar previamente ao requerente ou ao seu representante a oportunidade de corrigir o referido pedido na medida e em conformidade com os procedimentos prescritos.

9) Quando a Organização verificar que as condições referidas no parágrafo 1 supra estão preenchidas, registará a marca e publicará o registo.

10) A data legal de registo é a data de apresentação.

e) **Duração e âmbito territorial da protecção da marca**

A vantagem de registar uma marca é que esta pode ser renovada continuamente, desde que a taxa seja paga. Neste caso, o legislador prevê um prazo de 10 anos da seguinte forma: "*o prazo de direitos O registo de uma marca só terá efeito durante dez anos, a contar da data de apresentação do pedido de registo; contudo, a propriedade da marca pode ser mantida sem limitação de tempo através de renovações sucessivas que podem ser efectuadas de dez em dez anos.* (Art. 19)

Para além das marcas registadas, devemos também ter em conta nomes de domínio, que muitas legislações nacionais consideram como uma infracção ao registo de marcas registadas se ocorrer uma infracção. De facto, os nomes de domínio são definidos como endereços de Internet, que são geralmente utilizados para pesquisar websites. Por exemplo, o nome de domínio oapi.net é utilizado para localizar o website da OAPI em http://www.oapi.int. Alguns nomes de domínio são marcas registadas. Neste caso, podem ser registados de má fé por pessoas que não são os proprietários da marca registada correspondente. Isto constitui uma infracção à luz da lei.

f) **Cessão de direitos e licenças**

- Atribuição de uma marca comercial: este é o contrato pelo qual o proprietário de uma marca comercial, chamado o cedente, transfere a propriedade a outra pessoa chamada cessionário em troca do pagamento de um preço.

O cedente deve colocar os bens à disposição do cessionário (obrigação de entrega). O cedente pode, em alguns casos, continuar a explorar a marca sem o conhecimento do cessionário, afectando assim os lucros do cessionário, pelo que os acordos entre os dois (cessionário e cedente) devem ser celebrados de boa fé (obrigação de garantia).

No que diz respeito ao cessionário, ele tem a única obrigação de pagar o preço da marca de acordo com os procedimentos estabelecidos (Art. 26 - 28, Anexo III).

- Licença de marca registada: é o contrato pelo qual o licenciante concede a outra pessoa chamada licenciada o direito de explorar a marca, em troca do pagamento de uma taxa.

É importante salientar que o licenciador tem o direito de conceder a licença a outras pessoas, ele próprio pode utilizar a marca como entender, salvo acordo em contrário. No entanto, ele tem a obrigação de entregar e manter a marca registada.

Note-se que no caso de uma licença exclusiva, ele não pode conceder uma licença a outras pessoas em nenhuma circunstância.

O licenciado deve pagar os royalties, explorar pessoalmente a marca e sobretudo respeitar os limites da autorização de exploração, por outras palavras, respeitar os termos do contrato. (Art. 29 - 30, Anexo III)

2) Indicações geográficas

As indicações geográficas são "*indicações que servem para identificar um produto como sendo originário de um território, ou de uma região ou localidade desse território, onde uma determinada qualidade, reputação ou outra característica do produto pode ser atribuída essencialmente à sua origem geográfica*" (Art. 1 Anexo VI do Acordo de Bangui), aqui o produto deve ser considerado como "*qualquer produto natural, agrícola, artesanal ou industrial*" e o produtor como: ".

- *qualquer outro agricultor que utilize produtos naturais,*
- *qualquer fabricante de produtos artesanais ou industriais,*
- qualquer pessoa que comercialize os referidos produtos. (Art.1 Anexo VI de Bangui),

Em suma, uma indicação geográfica é um sinal utilizado para indicar que os bens têm uma origem geográfica específica e possuem qualidades ou uma reputação devido a esse lugar de origem.

As indicações geográficas podem ser utilizadas para uma grande variedade de produtos, incluindo produtos agrícolas como a pimenta (ver "Pimenta de Penja" produzida na região com o mesmo nome nos Camarões). Estas indicações estão frequentemente associadas a vinhos e bebidas espirituosas, como é o caso do "whisky escocês" produzido na Escócia. A utilização de indicações geográficas não se limita a produtos agrícolas ou bebidas alcoólicas. Estas indicações podem também realçar as qualidades particulares de um produto devido a certos factores humanos característicos do local de origem, tais como técnicas de fabrico ou tradições, como no caso do whisky Jacks Daniels. Note-se que o local de origem pode ser uma aldeia ou uma cidade, uma região ou um país.

A diferença entre uma marca e uma indicação geográfica é que a primeira é um sinal utilizado por uma empresa para distinguir os seus produtos e serviços dos de outras empresas, enquanto que a segunda permite ao consumidor saber que um produto vem de um determinado lugar e tem certas características devido a esse lugar de produção. Por exemplo, **BMW** e **Adidas** são marcas registadas, enquanto o **Whisky escocês** e o **Chá Darjeeling** são indicadores geográficos. No que diz respeito a marcas registadas e indicações geográficas (IG), sempre houve confusão na mente das pessoas. Para uma pessoa comum, a IG e a marca registada indicam a identidade dos produtos. É importante lembrar que o registo de uma marca é normalmente apresentado por uma única entidade comercial ou indivíduo, enquanto que a protecção da IG é concedida a um grupo de fabricantes, que pertencem a um determinado local, de onde o produto é originário.

A protecção das indicações geográficas é regida pela legislação nacional. Esta legislação baseia-se em :

- *As leis sobre concorrência desleal ;*
- *Leis de protecção do consumidor;*
- *Leis relacionadas com a protecção de marcas de certificação ou marcas colectivas;*
- *Leis que protegem especificamente as indicações geográficas ou denominações de origem.* Em geral, estas leis proíbem a utilização de indicações geográficas por pessoas não autorizadas, porque induzem em erro o consumidor. As sanções por esta infracção vão desde uma ordem judicial para impedir a utilização não autorizada, ao pagamento de danos ou uma multa ou, em casos graves, a uma pena de prisão.

3) **Desenhos industriais**

Segundo o Acordo de Bangui "...*qualquer combinação de linhas ou cores será considerada um desenho, e qualquer forma plástica, combinada ou não com linhas ou cores, será considerada um modelo, desde que tal combinação ou forma dê uma aparência especial a um produto industrial ou artesanal e possa servir como um tipo para o fabrico de um produto industrial ou artesanal*...". A mesma lei prevê que "... *se o mesmo objecto puder ser considerado simultaneamente um novo desenho ou modelo e uma invenção patenteável e se os elementos que constituem a novidade do desenho ou modelo forem inseparáveis dos da invenção, o referido objecto só pode ser protegido em conformidade com as disposições da legislação sobre patentes de invenção ou da legislação sobre modelos de utilidade*.... ". (Artigo 1º, Anexo IV)

Esta definição pode ser resumida da seguinte forma:

Um desenho industrial é simultaneamente o aspecto ornamental ou estético de um objecto. É composto por elementos tridimensionais (a forma do objecto), ou elementos bidimensionais (padrões, linhas ou cor). Existe uma vasta gama de objectos aos quais é aplicado o desenho industrial. Abrange tanto a indústria como o artesanato. Exemplos incluem instrumentos técnicos e médicos, aparelhos eléctricos, veículos, estruturas arquitectónicas, desenhos têxteis, artigos de lazer e de luxo. Tal como noutras áreas no domínio do design, a legislação nacional prevê que, para beneficiar de protecção, o objecto em questão não deve ser funcional. Trata-se de um direito que visa a protecção estética do objecto, o que significaria que as características técnicas do objecto não são protegidas por este tipo de direito mas sim pela patente ou modelo de utilidade que veremos mais adiante.

Para que um objecto possa beneficiar do direito de desenho, deve ser **novo** ou **original,** tal como previsto no Artigo 2 do Anexo IV do Acordo de Bangui.

O aspecto estético nem sempre é protegido pela lei do desenho. Dependendo das leis nacionais e do tipo de desenho ou modelo, também pode ser protegido por direitos de autor como obra de arte, caso em que não é necessário o registo. Note-se que para alguns países a protecção como desenho ou modelo industrial e a protecção dos direitos de autor são cumulativas, enquanto para outros são mutuamente exclusivas. Neste último caso, a escolha de um anula o outro.

Ao abrigo de certas leis nacionais, um desenho ou modelo industrial também pode ser protegido contra a imitação pela lei da concorrência desleal.

O registo de um desenho ou modelo industrial confere ao seu titular o direito de impedir qualquer cópia ou imitação não autorizada do desenho ou modelo, incluindo o direito de proibir terceiros de fazer, oferecer, importar, exportar ou vender qualquer produto em que o desenho ou modelo esteja incorporado ou ao qual seja aplicado. Pode também decidir licenciá-lo ou autorizar terceiros a utilizar o desenho ou modelo em termos mutuamente acordados. Isto está em conformidade com o Artigo 2 da Lei que prevê que "*Qualquer criador de um desenho ou modelo industrial e seus sucessores terá o direito exclusivo de explorar esse desenho ou modelo e de vender ou fazer vender para fins industriais ou comerciais os produtos em que esse desenho ou modelo esteja incorporado, nas condições previstas no presente anexo, sem prejuízo de quaisquer direitos que possam ter ao abrigo de outras disposições legais.*

Deve notar-se que o desenhador também pode vender os seus direitos no desenho a terceiros.

O prazo de protecção concedido ao abrigo da legislação sobre desenhos ou modelos industriais é geralmente de cinco anos, e pode ser prorrogado várias vezes, por um período total de 15 anos na maioria dos casos. Como afirma o legislador: "*..., o prazo de protecção conferido pelo certificado de registo de um desenho ou modelo industrial expira no final do quinto ano a contar da data de apresentação do pedido de registo...* o registo de um desenho ou modelo pode ser prorrogado por mais dois períodos consecutivos de cinco anos mediante o simples pagamento de uma taxa de prorrogação, cujo montante é fixado por regulamento. (Art. 12º, nºs 1 e 2).

A protecção do desenho ou modelo industrial é limitada ao país/região em que foi concedido.

4) Patentes

a) O que é uma patente?

Uma patente é um direito exclusivo concedido a uma invenção, que é um produto ou processo que fornece, em geral, uma nova forma de fazer algo, ou que oferece uma nova solução técnica para um problema. Para obter uma patente, as informações técnicas sobre a invenção devem ser divulgadas ao público num pedido de patente.

Segundo a *OMPI*, uma patente concede ao seu proprietário o direito de decidir como - ou se - a invenção pode ser utilizada por outros. Em troca, o titular da patente disponibiliza ao público informações técnicas sobre a invenção no documento de patente publicado.

Note-se que uma invenção é "*uma ideia que na prática permite a solução de um problema particular no domínio da tecnologia*" e que uma patente é "*o título concedido para proteger uma invenção*" (Anexo I, artigo 1º do Acordo de Bangui).

b) O que pode ser objecto de uma invenção patenteável

Nos termos do artigo 2º da lei, "*uma patente (doravante referida como patente) pode ser concedida para uma invenção que seja* ***nova****, envolva uma* ***actividade inventiva*** *e seja* ***susceptível de aplicação industrial***", o que implica que para que uma invenção seja patenteável, deve ser nova, inventiva (envolver uma actividade inventiva) e capaz de aplicação industrial. Note-se que uma invenção "*pode consistir em, ou relacionar-se com, um produto, um processo, ou a sua utilização...*" e que deve ser lícita, daí a noção de **matéria não patenteável.**

J **O novo**

Para ser patenteada, uma invenção deve ser nova, o que significa que nunca deve ter sido feita, realizada ou utilizada antes. A lei sobre este assunto prevê que :

"*1) Uma invenção é nova se não tiver arte prévia.*
2) O estado da técnica é constituído por tudo o que foi disponibilizado ao público, independentemente do local, meio ou forma, antes do dia do depósito do pedido de patente ou de um pedido de patente apresentado no estrangeiro e cuja prioridade tenha sido validamente reivindicada...". (Artigo 3)

J **Actividade inventiva**

O passo inventivo é parte integrante dos critérios de patenteabilidade de um objecto. Por outras palavras, a invenção deve constituir um avanço suficiente sobre o estado da técnica antes de ser feita para ser considerada patenteável. Assim, expressões como "*obviedade*" são também utilizadas. Isto implica que se uma invenção é óbvia desde o estado da técnica até uma pessoa competente na matéria, não satisfaz os requisitos para o objecto patenteável.

O legislador prevê que: "*Uma invenção será considerada como resultante de uma actividade inventiva se, para uma pessoa hábil na arte com conhecimentos e aptidões normais, não derivar claramente do estado da técnica à data do depósito do pedido de patente ou, se a prioridade tiver sido reivindicada, à data da prioridade validamente reivindicada para esse pedido.* (Artigo 4)

J **Aplicação industrial**

De acordo com o legislador, "*uma invenção será considerada aplicável industrialmente se o seu objecto puder ser fabricado ou utilizado em qualquer tipo de indústria. O termo industrial deve ser entendido no sentido mais lato; abrange, nomeadamente, o artesanato, a agricultura, a pesca e os serviços.*

Assim, a invenção deve ser capaz de ser utilizada na prática numa determinada escala. Este é um critério muito amplo. Quase tudo pode ser utilizado, mesmo na fase experimental, por outras palavras, a invenção deve ser capaz de ser utilizada de alguma forma.

c) Matérias não patenteáveis

Há muitas invenções que podem ser objecto de patente e algumas que não o são, mas que podem ser protegidas por outros tipos de protecção, tais como direitos de autor ou patentes de desenhos e modelos. Aqui estão alguns exemplos do que não pode ser patenteado.

De acordo com a Lei de Patentes, uma invenção não pode apenas constituir :

- Uma ideia;
- Uma descoberta, uma teoria científica ou um método matemático,
- Uma criação estética e ornamental,
- Um plano, esquema, regra ou método para realizar um acto mental, jogar um jogo ou fazer negócios, ou um programa de computador,
- Uma apresentação da informação,
- Programa de computador
- Um tratamento cirúrgico ou terapêutico ou procedimento de diagnóstico a ser realizado em seres humanos ou animais.
- Uma composição farmacêutica ou remédios de qualquer tipo;
- Qualquer invenção contrária à ordem pública ou à moral (artigo 6º).

***J* Software e métodos empresariais**

Uma ideia que é meramente um programa de computador ou um esquema, regra ou método de fazer negócios não é de natureza técnica e, portanto, não pode ser patenteada. Contudo, as invenções de natureza técnica que incluem um método de fazer negócios, ou que são realizadas ou podem ser realizadas por um programa de computador, podem ser patenteáveis.

O código do programa ou métodos comerciais puros não podem ser patenteados na área OAPI (Artigo 2 do Anexo VII do Acordo de Bangui). No entanto, uma invenção de natureza técnica que inclua um método comercial, ou que seja realizada ou possa ser realizada por um programa de computador, pode ser patenteável.

Como sempre, a invenção deve satisfazer os requisitos de novidade, actividade inventiva e aplicabilidade industrial. Por outras palavras, deve constituir uma solução técnica para um problema e dar um contributo técnico que não seja óbvio em relação à tecnologia conhecida.

Invenções relacionadas com computadores

Telemóveis, sistemas de navegação GPS e vários tipos de electrónica de consumo são exemplos de invenções relacionadas com computadores que podem ser incluídas. É a invenção que utiliza um computador, rede informática ou outro dispositivo programável, e a invenção tem uma ou mais características que são realizadas total ou parcialmente por meio de um programa informático.

Métodos comerciais

O termo método comercial é utilizado no contexto da patente para significar ideias de natureza comercial ou empresarial. Exemplos de métodos comerciais são a publicidade, os serviços em linha, a avaliação de risco e a negociação informatizada de acções.

Um método empresarial puro não é de natureza técnica e, portanto, não é uma invenção. Contudo, uma invenção que seja um método de negócio, mas que utilize tecnologia especialmente adaptada para que a solução do problema seja puramente técnica, pode ser patenteável.

Exemplo

Imagine que tem uma ideia para pagar as suas contas online. O método empresarial é atrair clientes para longe dos escritórios do banco onde o pessoal e as instalações estão satisfeitos com o dinheiro. A ideia é expressa numa solução técnica onde a utilização e a encriptação resolvem o problema de uma nova forma.

Este método só é patenteável se a solução técnica for patenteável. Por outras palavras, é necessária uma solução técnica para o problema para patentear a ideia.

Protecção adicional

Para além da protecção de patentes, existe protecção adicional disponível para invenções informáticas: direitos de autor, protecção de desenhos e modelos de circuitos e protecção de segredos comerciais.

J **Biotecnologia**

A biotecnologia envolve aplicações técnicas de processos biológicos em microrganismos, plantas ou animais. Beneficiamos da biotecnologia na indústria alimentar, agricultura e medicina.

Na biotecnologia, é possível, por exemplo, patentear produtos geneticamente modificados, enquanto que os métodos de clonagem humana são considerados antiéticos e, portanto, não patenteáveis.

Invenções biotecnológicas patenteáveis

a) Processos para a produção ou análise de proteínas e a sua utilização num processo analítico ou num medicamento.

b) Proteínas, sequências de ADN, microrganismos e constituintes do corpo humano (por exemplo, células) já existentes na natureza, se isoladas do seu ambiente natural ou produzidas por um processo técnico, e que não tenham sido descritas acima.

c) Um gene, que é isolado e ao qual é dada uma nova tarefa como medicamento ou ferramenta de diagnóstico.

d) Produtos geneticamente modificados, tais como plantas e animais.

Invenções biotecnológicas não patenteáveis

1) Descobertas puras, tais como partes de animais, plantas ou microrganismos descobertos mas não isolados ou descritos em mais pormenor.

2) Invenções contrárias à ordem pública ou à moralidade, que a sociedade considera antiéticas e inaceitáveis. Por exemplo, não é possível patentear um método de clonagem reprodutiva humana porque é contrário à ordem pública e à moralidade. Pode encontrar mais informações sobre biotecnologia e ética aqui.

Invenção ou descoberta?

Algo que é apenas uma descoberta, como a identificação de um novo gene, não é patenteável. Mas se estudou com mais detalhe a função do gene se este for utilizado como medicamento ou ferramenta de diagnóstico, então é uma invenção que pode ser protegida por uma patente. A protecção é frequentemente definida como "moléculas de ADN isoladas com (uma certa) sequência nucleotídica". Por outras palavras, não se pode dizer que a protecção cobre o ADN na natureza, mas apenas moléculas artificiais de ADN ou ADN isolado do corpo humano e reduzido à parte que lhe interessa.

Plantas e animais ?

Uma invenção relacionada com plantas e animais pode ser patenteada, se a possibilidade de realizar a invenção não estiver limitada a uma determinada variedade vegetal ou raça animal. Mesmo um processo microbiológico e os produtos de tal processo, por exemplo, plantas e animais, podem ser patenteados. Contudo, os métodos que consistem em procedimentos biológicos, como o cruzamento e selecção, para produzir plantas e animais não podem ser patenteados.

***J* Métodos médicos**

Os dispositivos e produtos para a prática de métodos médicos podem ser patenteáveis, mas os métodos em si não são patenteáveis. Em parte porque uma patente não deve impedir os médicos de curar e prevenir doenças e em parte porque os métodos podem ter efeitos diferentes em pacientes diferentes. Não são, portanto, reprodutíveis.

Máquinas de movimento perpétuo

Não é possível provar que uma máquina de movimento perpétuo funcionará para sempre, pelo que não é patenteável.

Moralidade

Não é possível obter patentes para invenções que sejam contrárias à ordem pública ou à moralidade.

Exemplo

Imagine que inventou uma molécula com poder adoçante adequada para a saúde humana. Consegue obter uma patente para a sua invenção? Sim, se a sua molécula for completamente nova, ou seja, não é conhecida em qualquer parte do mundo por este efeito. Deve também diferir substancialmente das moléculas com esta propriedade. Que aspectos da sua invenção podem ser patenteáveis?

Breveível	**Não patenteável**
O método de preparação da molécula	A fórmula química da molécula
Utilização da molécula	As fórmulas sobre o mecanismo de acção da molécula
	Um diagrama sobre como vender a molécula

d) Como proteger uma invenção?

A forma mais eficaz de proteger uma invenção é através de uma patente. Este processo legal é geralmente governado pelo gabinete de patentes do país em que se pretende proteger a invenção ou pelo gabinete regional, como o OAPI. Por conseguinte, deve entender-se como acima mencionado que os direitos de patente são concedidos em troca da divulgação total da tecnologia ao público pelo inventor no pedido de patente.

Outra forma de obter protecção é manter a tecnologia em segredo e confiar no que é vulgarmente conhecido como "segredos comerciais". A protecção dos segredos comerciais abrange toda a informação que, num sentido jurídico, é considerada como tal. Serve para preservar a natureza confidencial da informação, para que não seja indevidamente revelada e utilizada por pessoas não autorizadas. Os segredos comerciais não podem ser registados para protecção, mas devem simplesmente ser mantidos em segredo.

e) A concessão de uma patente

O primeiro passo consiste em apresentar um pedido de patente. O pedido contém as seguintes informações: o título da invenção, uma indicação do domínio técnico a que pertence, e uma descrição da invenção, elaborada de modo a ser suficientemente clara para que uma pessoa com conhecimentos normais do domínio em questão possa avaliar a invenção e executá-la. A descrição é geralmente acompanhada de ilustrações, desenhos, planos ou gráficos, cujo objectivo é tornar a invenção mais fácil de compreender.

Para além dos elementos acima referidos, existe também um elemento que constitui o núcleo da patente nas "reivindicações". Esta é a informação que define o âmbito da protecção concedida pela patente. A fim de fazer valer os seus direitos sobre uma patente, é importante intentar uma acção junto dos tribunais competentes, que muitas vezes têm poderes para invalidar uma patente contestada por um terceiro.

f) Duração e direitos conferidos por uma patente

O titular de um título de patente tem, em princípio, o direito exclusivo de impedir terceiros de explorar comercialmente a sua invenção no território abrangido pela patente. Isto significa proibir terceiros de fazer, utilizar, oferecer para venda, importar ou vender a invenção sem o seu consentimento. Com o título da patente, o inventor pode licenciar a invenção ou permitir que terceiros a utilizem em termos mutuamente acordados. Ele pode também vender o seu direito à invenção a um terceiro, que por sua vez se torna o proprietário da patente.

É importante notar que as patentes são direitos territoriais. Como regra geral, os direitos exclusivos do inventor aplicam-se apenas no país ou região onde a sua patente foi depositada e concedida, de acordo com a legislação desse país ou região.

É de notar que a protecção do título da patente é concedida por um período de tempo limitado, nomeadamente 20 anos a partir da data de apresentação do pedido (artigos 9º e 10º).

Deve-se lembrar que uma patente dá ao proprietário o direito de se apropriar ou explorar a invenção, no todo ou em parte, ou a técnica industrial da invenção. Isto significa que ele (o titular da patente) pode fabricar ou comercializar o produto ou processo patenteado, solicitar a cessão do seu direito ou contratos de licença em troca de uma remuneração (isto é conhecido como o direito económico à patente).

Além de ser um direito de propriedade, a patente confere aos seus beneficiários, consoante o caso, um direito moral constituído por duas prerrogativas: um direito de divulgação (o inventor decide se torna ou não a sua invenção acessível ao público) e um direito de protecção (o nome do inventor e o seu estatuto devem ser mencionados no título da patente). Neste último caso, o inventor pode renunciar a este direito e optar por permanecer anónimo.

Deve também notar-se que, por razões de experimentação de investigação, licenças obrigatórias e licenças ex officio, uma patente pode ser explorada sem a autorização do seu proprietário. Pode também acontecer que os requisitos de protecção de patentes não sejam respeitados, o que resultará na exploração da patente, ou por razões de esgotamento dos direitos de patente (utilização da patente numa determinada região, resultando na importação paralela (Artigo 30, TRIPS, Artigo 8, Anexo I).

O direito de patente é herdado e torna-se comum em caso de propriedade conjunta (Art. 10.2, Anexo I).

Em geral, as patentes são concedidas pelos institutos nacionais de patentes. Isto implica que os efeitos da patente são limitados aos países em causa. No entanto, as patentes podem também ser concedidas por gabinetes regionais que servem vários países, por exemplo a Organização Africana da Propriedade Intelectual (OAPI) ou a Organização Regional Africana da Propriedade Industrial (ARIPO). Neste último caso, o instituto regional aceita pedidos de patentes regionais, ou concede patentes regionais, que têm o mesmo efeito que os pedidos apresentados, ou as patentes concedidas, nos estados membros da região. É de notar que a aplicação destas patentes regionais é um assunto da competência de cada Estado Membro.

g) Cessão de direitos e licença Vs Acordo de franquia

- Uma licença do direito de patente é o contrato pelo qual o titular do título em questão concede a um terceiro, no todo ou em parte, o gozo do seu direito de exploração em troca do pagamento de um royalty, se este existir. (Art. 36, Anexo I)
- Ao contrário de uma licença que concede um direito de utilização de um título de patente ao beneficiário, a atribuição de um título de patente assegura a transferência de propriedade do cedente para o cessionário. Como especificado no Artigo 33 do Anexo I do Acordo de Bangui, a cessão de um título de patente está sujeita a uma dupla exigência:

J Deve ser estabelecido por escrito sob pena de nulidade

J Deve ser inscrita no registo especial de patentes para poder ser executada contra terceiros

- Franchising é um contrato que rege a colaboração entre uma empresa de franchising chamada franchisor e uma ou mais empresas franchisadas. Franchising é um contrato pelo qual uma pessoa, chamada franchisor, se compromete a comunicar o know-how a outra pessoa chamada franchisor, a fazer-lhe uso da sua marca e eventualmente a fornecer-lhe bens em troca de uma taxa paga pelo franchisado.

5) Modelos de utilidade

Um modelo de utilidade (também conhecido como uma pequena patente) é um título concedido para a protecção de... (Artigo 1º, Anexo II) "*instrumentos de trabalho ou artigos destinados a serem utilizados ou partes dos mesmos, na medida em que sejam úteis para o trabalho ou fim a que se destinam em virtude de uma nova configuração, disposição ou dispositivo e sejam susceptíveis de aplicação industrial...*".

Por outras palavras, é um direito concedido para a protecção de qualquer nova solução técnica relacionada com a modificação de dispositivos existentes, configuração ou disposição de elementos de certos aparelhos, instrumentos, artesanato, mecanismos e produtos, incluindo produtos de recursos genéticos, baseados em plantas. É geralmente solicitado para invenções tecnicamente menos complexas ou com uma vida comercial curta.

Em comparação com uma patente, o procedimento para obter a protecção de um modelo de utilidade é geralmente mais simples. Deve recordar-se, no entanto, que os requisitos substantivos e formais ao abrigo da lei aplicável aos modelos de utilidade variam consideravelmente de país para país e de região para região.

Nos termos da lei da propriedade intelectual, para poder beneficiar da protecção do modelo de utilidade, a invenção deve satisfazer dois critérios: **novidade** (nova configuração; novo arranjo ou dispositivo) e **aplicação industrial**

a) O novo

ou seja, a invenção não foi explorada comercialmente durante um certo período de tempo antes da apresentação do pedido; (Art.2, Anexo II)

b) Aplicação industrial "*Um modelo de utilidade é considerado aplicável industrialmente se o seu objecto puder ser fabricado ou utilizado em qualquer tipo de indústria. O termo industrial deve ser entendido no sentido mais lato; abrange em particular o artesanato, a agricultura, a pesca e os serviços...*" (Art. 3, Anexo II). (Art.3°, Anexo II)

J **Objectos desprotegidos como modelo de utilidade**

Não pode ser registado como um modelo de utilidade:

- Qualquer coisa que seja contrária à ordem pública ou à moral, à saúde pública, à economia nacional ou à defesa nacional,
- Qualquer coisa que já tenha sido objecto de um registo de patente ou modelo de utilidade com base num pedido anterior ou num pedido com prioridade anterior (Art. 4, Anexo II).

Direitos conferidos e duração da protecção

O titular do certificado de registo tem o direito de proibir qualquer pessoa de explorar o modelo de utilidade praticando qualquer um dos seguintes actos: fazer, oferecer para venda, vender e utilizar o modelo de utilidade, importar e deter o modelo de utilidade com o objectivo de o oferecer para venda, vender ou utilizar. Ao contrário de uma patente, que protege a invenção por um período de vinte anos, o modelo de utilidade tem um prazo de protecção de dez anos a partir da data do depósito (art. 5 e 6, Anexo 2).

6) Concorrência desleal

Concorrência desleal é qualquer acto ou prática que, no decurso de actividades industriais ou comerciais, seja contrário a práticas honestas. Trata-se essencialmente dos seguintes actos, conforme especificado na Convenção de Paris para a Protecção da Propriedade Industrial:

J Actos susceptíveis de criar confusão por qualquer meio com o estabelecimento, os produtos e a realidade industrial ou comercial de um concorrente.

Exemplo: utilização de uma marca idêntica ou semelhante a outra para produtos da mesma categoria

J Actos que constituem falsas alegações susceptíveis de desacreditar o estabelecimento, os produtos ou a actividade industrial ou comercial de um concorrente

Exemplo: o facto de uma empresa atacar um concorrente ao fazer declarações falsas e inexactas sobre os produtos ou serviços do concorrente;

J Enganar o público através de promoção ou publicidade quanto à natureza, método de fabrico, características, adequação à finalidade ou quantidade de bens.

Exemplo: uma empresa que faz declarações enganosas ou inexactas sobre a qualidade ou segurança dos seus próprios produtos.

J Divulgar ou utilizar segredos ou informações confidenciais sem o consentimento do legítimo proprietário das informações de uma forma contrária à prática comercial honesta

Exemplo: práticas destinadas a apropriar-se, através de espionagem industrial ou comercial, de informações secretas detidas por outros, tais como o processo de fabrico de um produto;

J Prejudicar a imagem ou reputação de um negócio de terceiros, quer cause ou não confusão.

II. Importância da propriedade intelectual para o químico de arranque

1) Área a ser explorada

O sector químico abrange desde fabricantes de produtos químicos básicos a empresas farmacêuticas e alimentares. Também inclui empresas baseadas em materiais, tais como fabricantes de plásticos, agroquímicos, cerâmicas e metais ou ligas metálicas, cada uma com as suas próprias características. A química básica é mais sensível aos ciclos económicos, enquanto que os sectores farmacêutico e alimentar operam num quadro regulador legal complexo. Trabalhar com a propriedade intelectual no sector químico requer o conhecimento dos diferentes sectores a explorar.

Catálise

A indústria química esforça-se constantemente por encontrar processos químicos melhorados que sejam mais selectivos para os produtos finais desejados, menos dispendiosos de operar, e mais eficientes em termos energéticos e amigos do ambiente.

O químico pode proteger as suas novas tecnologias de catalisadores, bem como os processos químicos melhorados aos quais são aplicados (novos catalisadores, suportes de catalisadores e processos catalíticos melhorados).

Um exemplo é a tecnologia FWC, que é o novo catalisador de conversão em quatro vias para motores a gasolina. Este catalisador foi inventado pela Waltz Florian, Siani Attilio, Schmitz Thomas, Siemund Stephan, Schlereth e Li Hao e é propriedade da empresa alemã BASF Corp (actual cessionário).

Como mencionado acima, trata-se de um catalisador de conversão de quatro vias para o tratamento de um fluxo de gases de escape de um motor a gasolina. O catalisador FWC combina as funções de um filtro e de um catalisador de conversão de três vias (TWC) numa única estrutura de favo de mel. Ele (o catalisador) é capaz de reter partículas (PM), monóxido de carbono (CO), hidrocarbonetos (HC) e óxidos nitrosos (NOx) de motores a gasolina, sem reduzir o desempenho do motor ou requerer espaço adicional. De facto, "o *óxido nitroso (N2O) é um gás com efeito de estufa com um potencial de aquecimento global 310 vezes superior ao do CO2 e uma vida útil atmosférica de 114 anos. Os gases de escape dos automóveis são uma possível fonte de emissões de N2O, tanto como um subproduto da combustão do próprio combustível como como um subproduto formado durante a redução catalítica dos NOx. Reconhecendo o seu potencial de aquecimento global, a EPA dos EUA já estabeleceu um limite de emissão de N2O de 10 mg/milha para veículos ligeiros no ciclo FTP a partir de MY2012, e um limite de emissão de N2O de 0,1 g/bhp-hr para veículos pesados no ciclo FTP de veículos pesados a partir de MY2014. No passado, os sistemas de catalisadores automóveis eram normalmente optimizados para uma redução máxima de NOx (um poluente regulamentado), independentemente dos níveis de N2O. Agora, se o N2O exceder os limites de 10 mg/milha, então existe uma penalização contra os requisitos de economia de combustível do CAFE.*

Podemos ver que os inventores químicos tornaram possível que os automobilistas cumprissem as normas ambientais. Portanto, como químico, pode-se empreender o desenvolvimento de catalisadores que podem ser vendidos a empresas como a BASF Corp.

Note-se que, para além da patente, a empresa registou a sua tecnologia sob o nome de FWC™. Isto constitui um novo activo de propriedade intelectual.

Foi assim que estas tecnologias foram desenvolvidas.

Graças a esta invenção, a empresa BASF Corp.

Electroquímica

À medida que o mundo procura fontes de energia mais sustentáveis, a electroquímica subiu para a vanguarda da investigação para as indústrias pioneiras da indústria automóvel e electrónica. No entanto, as utilizações da electroquímica são múltiplas e o seu impacto é central em muitos campos diversos - desde exposições a tratamentos ambientais, desde análises químicas até à produção de moléculas difíceis de produzir.

Existe, portanto, uma vasta gama de utilizações electroquímicas.

Estas áreas particulares da electroquímica incluem células combustíveis (PEM, DMFC, AFC, PAFC, MCFC, SOFC, materiais de eléctrodos, electrólitos, membranas, química básica), baterias (química básica para eléctrodos, separadores, electrólitos), (OLED, QLED), tratamento ambiental (tratamento de águas residuais, electrocoagulação), controlo de reacções químicas (eléctrodos para reacções enzimáticas) e análise química (potenciometria, amperometria, coulometria e voltammetry).

Assim, um químico pode desempenhar o papel de inventor graças ao desenvolvimento de um artigo inovador. Por exemplo, os químicos BEILLE Florent e ALLIX Jeremy da empresa start-up KEMIWATT inventaram uma bateria chamada "REDOX" cuja tecnologia se baseia no armazenamento de energia graças aos electrólitos biodegradáveis e recicláveis (patente N° EP3545566A). Vale a pena notar que este avanço lhes valeu o prémio no concurso mundial de inovação organizado sob a égide do Ministério da Economia e Finanças francês. É também importante recordar que este avanço alcançado pelo KEMIWATT é o resultado de um trabalho de investigação realizado no Instituto de Ciências Químicas de Rennes (Universidade de Rennes 1/CNRS/ENSCR/INSA Rennes).

Energia e petroquímica

A procura de fontes de energia mais limpas, seja através da utilização de energias renováveis, electroquímica, energia nuclear ou utilização mais eficiente de fontes de combustíveis fósseis, é apoiada pela investigação e desenvolvimento químico fundamental. Além disso, com a procura de combustíveis mais limpos, de baixas emissões e ambientalmente mais sustentáveis, a inovação nestas áreas está a ser estimulada.

Um químico poderá assim possuir propriedade intelectual nesta área através da ciência dos materiais básicos (turbinas, células solares, OPVs), investigação electroquímica (baterias, células de combustível, etc.), nuclear (reacções de fissão e fusão), biomassa e matérias-primas alternativas e instalações de produção de energia a partir de resíduos, aditivos para combustíveis e motores, lubrificantes e lubrificantes, etc.), nuclear (reacções de fissão e fusão), biomassa e matérias-primas alternativas e instalações de valorização energética de resíduos, combustíveis e aditivos para motores, lubrificantes e óleos, bem como tecnologias de extracção eficiente de fontes de combustíveis fósseis, elementos de terras raras, etc.

Ciência culinária

A indústria da ciência alimentar é inovadora e extremamente competitiva. Em sectores particulares, a protecção de patentes é amplamente utilizada para proporcionar uma vantagem competitiva.

O químico pode, portanto, estar interessado na protecção de composições aromatizantes, conservantes alimentares, nutracêuticos, formulações de alimentos e pastilhas elásticas e tecnologias de produção e transformação de alimentos.

Assim, um químico pode estar interessado em extractos de plantas para a formulação de nutracêuticos, tal como os inventores Patrick Ales, Alexandre Escaut e Jean Christophe Choulot, cuja patente está relacionada com (***extracto de polissacarídeo de lentinus e composições farmacêuticas, cosméticas ou nutracêuticas que compõem tal extracto*** (FR2918988A1), patente detida pela empresa CASTER SOC.

Produtos para o lar

É necessária muita investigação e desenvolvimento para produzir os produtos químicos domésticos que muitas pessoas consideram como um dado adquirido. Por exemplo, existe uma necessidade contínua de produtos que tenham menos impacto, mas que sejam igualmente ou mais eficazes. A natureza desta indústria intrinsecamente rápida e competitiva significa que é essencial uma protecção robusta da PI.

Ciência dos Materiais

O desenvolvimento de novos materiais com propriedades melhoradas, bem como as suas aplicações em vários campos tecnológicos, apresentam numerosas oportunidades de propriedade intelectual para uma vasta gama de indústrias.

Tecnologias de impressão

Quer se trate de desenvolvimentos no campo relativamente novo e cada vez mais acessível do fabrico de aditivos ou de avanços no mundo estabelecido da impressão tradicional, este campo está repleto de inovações que têm impacto numa vasta gama de indústrias.

A rápida evolução da tecnologia de impressão 3D está a transformar o fabrico. A investigação em materiais como polímeros, cerâmicas e metais levou ao uso crescente de peças impressas em 3D e 4D numa vasta gama de aplicações em medicina, ortopedia, electrónica, transportes e inúmeras outras indústrias.

A impressão tradicional também está a fazer progressos constantes. A inovação em tintas e pigmentos, tais como a criação de formulações flexíveis e condutoras que podem ser exploradas para a electrónica portátil, é constante. Além disso, os materiais de substrato estão em contínuo desenvolvimento para responder aos novos desafios e requisitos da impressão.

Química dos polímeros

A química dos polímeros toca todos os aspectos da nossa vida, desde as embalagens de alimentos e bens de consumo a componentes de alta tecnologia de máquinas e dispositivos utilizados no corpo humano e animal.

O uso crescente de polímeros leva a requisitos materiais adicionais ou diferentes que são satisfeitos a nível fundamental pela química utilizada. Além disso, existem desafios adicionais na passagem para matérias-primas mais duráveis, mantendo ou melhorando as propriedades desejáveis.

Esta é uma área rica em inovação.

Físico-química

Os desenvolvimentos em físico-química e análise química sustentam a investigação e desenvolvimento científico numa vasta gama de sectores. A análise química é essencial para assegurar a pureza dos produtos químicos, medicamentos e alimentos, influenciando assim a qualidade de vida, define os avanços da medicina e da medicina forense e representa oportunidades comerciais significativas para os fabricantes.

Um químico pode portanto tornar-se um agente de desenvolvimento neste sector, operando através da invenção ou inovação.

2) A importância da propriedade intelectual para a sua PME

A propriedade intelectual retira a sua existência à criatividade e inventividade humanas. Portanto, cada produto ou serviço que usamos no nosso quotidiano torna-se o resultado de uma longa cadeia de inovações, grandes ou pequenas, tais como alterações ou melhorias de design que fazem um produto parecer ou funcionar da forma como funciona actualmente.

Tomemos um produto simples como a aspirina (ácido acetilsalicílico) inventado por Felix Hoffman, que foi registado como marca comercial a 1 de Fevereiro de 1899 e inscrito no registo comercial do instituto imperial de patentes em Berlim sob o número 36433 a 6 de Março de 1899. Na altura, esta invenção foi, em muitos aspectos, um avanço, uma vez que outras moléculas químicas sofreram muitas melhorias, particularmente em termos do processo de obtenção e aplicação das mesmas, que adquiriram direitos de propriedade intelectual. Pode assim verificar-se que a marca registada da aspirina foi também registada como um direito de propriedade intelectual, e que ajudou a empresa Bayer a comercializá-la e a desenvolver uma base de clientes fiéis.

O químico compreende, portanto, que qualquer que seja a molécula que a sua empresa invente ou preste serviço, é provável que utilize e crie uma grande quantidade de propriedade intelectual (marca registada, patente, modelo de utilidade) numa base regular. Assim sendo, o químico terá de considerar sistematicamente as medidas necessárias para proteger, gerir e fazer respeitar a sua propriedade intelectual, a fim de alcançar os melhores resultados comerciais possíveis.

Se este último desejar utilizar uma propriedade intelectual que pertence a outros, deve considerar a compra ou aquisição dos direitos de utilização da mesma mediante a obtenção de uma licença, a fim de evitar uma eventual disputa dispendiosa.

Quase todas as pequenas empresas químicas têm um nome comercial ou marca(s) e devem considerar a sua protecção. A maioria destas empresas detém informações comerciais confidenciais valiosas, que vão desde listas de clientes a tácticas de venda, que podem querer proteger. Muitas delas teriam desenvolvido designs originais criativos. Muitas teriam produzido ou ajudado na publicação, distribuição ou venda a retalho de um trabalho protegido por direitos de autor. Alguns podem ter inventado ou melhorado um produto ou serviço. Em todos estes casos, o químico que cria o seu negócio deve considerar a melhor forma de utilizar o sistema de propriedade intelectual em seu benefício. Não esqueçamos que um título de propriedade intelectual pode ajudar uma jovem empresa química em quase todos os aspectos do desenvolvimento de negócios e estratégia competitiva, desde o desenvolvimento de produtos à concepção de produtos, da prestação de serviços ao marketing, e da angariação de recursos financeiros à exportação ou expansão do seu negócio para o estrangeiro através de licenciamento ou franchising. Para saber como tudo isto e mais pode acontecer, é importante entrar em contacto com especialistas na matéria.

3) A propriedade intelectual como um activo empresarial

Os activos de uma empresa, sejam químicos ou não, podem ser divididos em duas grandes categorias:

- Bens tangíveis ou físicos: estes incluem edifícios, maquinaria, bens financeiros e infra-estruturas
- Activos intangíveis: que incluem capital humano, know-how, ideias, marcas, designs e capacidade de inovação.

No passado, os activos físicos eram considerados como o núcleo do valor de uma empresa e largamente responsáveis pela determinação da competitividade de uma empresa no mercado. Nos últimos anos, isto mudou consideravelmente. Cada vez mais, as empresas estão a aperceber-se de que os activos intangíveis estão frequentemente a tornar-se mais valiosos do que os seus activos físicos, em grande parte devido à revolução das tecnologias de informação e ao crescimento da economia de serviços. Claramente, estamos a ver os grandes armazéns e fábricas serem cada vez mais substituídos por software poderoso e ideias inovadoras como a principal fonte de receitas para uma grande e crescente proporção de empresas em todo o mundo. E mesmo em sectores onde as técnicas tradicionais de produção continuam a dominar, a inovação contínua e a criatividade sem fim estão a tornar-se as chaves para uma maior competitividade em mercados altamente competitivos, tanto nacionais como internacionais.

O chemist-inventor ou melhor ainda o empresário deve estar consciente de que os activos intangíveis são centrais para os negócios e, por conseguinte, deve procurar tirar o máximo partido destes activos intangíveis.

Uma das principais formas de o conseguir é proteger legalmente os bens intangíveis e, quando estes satisfazem os critérios de protecção da propriedade intelectual, adquirir e reter os direitos de propriedade intelectual.

Em resumo, os direitos de propriedade intelectual podem ser adquiridos nas seguintes categorias

- Produtos e processos inovadores cuja protecção é adquirida através de patentes e modelos de utilidade;
- Obras culturais, artísticas e literárias, programas informáticos e compilação de dados, cuja protecção se baseia nos direitos de autor e direitos conexos; estas obras podem também ser protegidas por direitos de marca, marcas colectivas, marcas de certificação e, em certos casos, por indicações geográficas; é de notar que, para estas últimas, são mais adequadas para sinais distintivos.
- Desenhos criativos que também incluem desenhos têxteis protegidos por direitos de desenho industrial, ou seja, Desenho Industrial
- Segredos comerciais que dizem respeito à protecção de informação não revelada de valor comercial ou de vantagem de know-how. Este caso também corresponde à Protecção de desenhos e modelos industriais ou de processos

4) Qual é o valor dos bens de propriedade intelectual?

Um ponto crucial sobre a protecção legal da propriedade intelectual é que ela transforma bens intangíveis em direitos de propriedade exclusiva, embora por um período limitado. Permite a um químico reclamar a propriedade dos bens intangíveis da sua empresa e explorá-los em todo o seu potencial. Assim, ao proteger a propriedade intelectual dos bens intangíveis, um empresário torna estes bens mais tangíveis, transformando-os em valiosos bens exclusivos que muitas vezes podem ser comercializados no mercado.

É importante para o químico saber que se as suas ideias inovadoras, desenhos criativos ou marcas comerciais da empresa não forem legalmente protegidos por direitos de propriedade intelectual, podem ser livre e legalmente utilizados por uma empresa concorrente sem limitações. Por outro lado, quando os bens intangíveis do químico são protegidos por direitos de propriedade intelectual, estes bens adquirem um valor concreto para a sua empresa porque se tornam direitos de propriedade que não podem ser comercializados ou utilizados sem a sua permissão.

Vale a pena notar que cada vez mais investidores, corretores e consultores financeiros estão a tomar consciência desta realidade e começaram a atribuir um elevado valor aos activos de PI. Isto explica a consideração dada aos activos de PI pela maioria das empresas em todo o mundo. Assim, muitas empresas começaram a realizar auditorias regulares à propriedade intelectual, incluindo a tecnologia.

Graças aos bens de propriedade intelectual, o químico empresarial beneficiará de :

- Uma boa posição no mercado e vantagem competitiva. Com efeito, o(s) título(s) de propriedade intelectual confere(m) ao empresário e à sua empresa o direito exclusivo de impedir terceiros de utilizar comercialmente um produto ou serviço, reduzindo assim a concorrência pelo seu produto inovador e permitindo à empresa estabelecer uma melhor posição no mercado.

- Um melhor retorno do investimento. De facto, se o empresário químico investiu muito dinheiro e tempo em I&D, a utilização das ferramentas do sistema IP é importante para recuperar os seus investimentos em I&D e obter um maior retorno do investimento.
- Melhores receitas provenientes do licenciamento ou da venda ou atribuição de propriedade intelectual. Um proprietário de propriedade intelectual pode optar por licenciar ou vender os direitos a outras empresas em troca do pagamento de uma quantia fixa ou de royalties, a fim de gerar receitas adicionais para a empresa.
- Poder negocial. De facto, possuir bens de PI que são de interesse para outros pode ser útil quando se procura permissão para utilizar os bens de PI de outros. Nesses casos, as empresas químicas negociam frequentemente acordos de licenciamento cruzado, que são acordos pelos quais cada parte permite que a outra empresa utilize os seus bens de PI da forma especificada no acordo de licenciamento.
- Uma capacidade de obter financiamento a taxas de juro razoáveis.

- Uma imagem positiva para a própria empresa. Assim, os parceiros de negócios, investidores e accionistas podem perceber as carteiras de PI como uma demonstração do elevado nível de especialização, especialização e capacidade tecnológica dentro da própria empresa. Além disso, pode ser útil para a angariação de fundos, ou para encontrar parceiros comerciais e aumentar o perfil e o valor de mercado da empresa.

Anexos e referência :

- Lei 2000/011 de 19/12/2000 dos Camarões
- Acordo de Bangui
- https://www.basf.com/fr/fr/who-we-are/innovation/catalyst-for-gasoline-engines1.html
- https://www.hgf.com/sector-groups/chemistry/
- Arquivos da OMPI

Capítulo IV
a patente a arma do químico empresário

Uma patente é um documento oficial emitido ***por uma autoridade nacional*** ou regional que descreve uma invenção e confere um direito adequado para impedir que outras partes utilizem a invenção para fins comerciais **num determinado território.** O não cumprimento deste título abre a **possibilidade de um processo de infracção.** Normalmente, este direito é concedido, mediante pedido e acusação, em troca da divulgação total de uma invenção. Na maioria dos institutos de patentes, a divulgação é primeiro uma divulgação confidencial ao próprio Instituto, que se torna uma divulgação não confidencial ao público 18 meses mais tarde. Este tipo de patente concede ao requerente a exclusividade e o direito de utilizar ou vender as informações reivindicadas na invenção durante um curto período. A distinção entre inventor e proprietário deve ser notada: um inventor obtém a patente concedida em seu nome; no entanto, um inventor será sempre um inventor. O inventor pode então atribuir a propriedade da invenção a outra pessoa. Na região OAPI, as patentes têm uma duração de 20 anos a partir da data de depósito antecipado e do pagamento das taxas anuais prescritas.

Tenhamos em mente que uma patente não é uma descoberta, mas sim uma invenção. Para ser aceitável para uma patente, uma invenção deve satisfazer os três critérios principais: (1) deve ser nova, (2) deve ter alguma utilidade, tal como funcional e/ou operacional, e (3) não deve ser óbvia para a pessoa competente no domínio da invenção. Em segundo lugar, é evidente que uma patente é concedida para a realização física de uma ideia ou também aplicada a um processo que produz algo comercializável ou real, por outras palavras, comercialmente comerciável. Produtos novos e úteis, processos, manufacturas ou composições de matéria, bem como qualquer nova e útil melhoria destes elementos, mas também novas utilizações de um composto conhecido, estão sujeitos a patenteabilidade. Como mencionado no capítulo anterior, o assunto não patenteável inclui ideias, princípios científicos, teoremas ou uma invenção que seja ilegítima ou com um propósito ilícito. Os fenómenos naturais e as leis da natureza não são elegíveis para protecção de patentes.

Para além do título de patente a ser utilizado quando uma invenção precisa de ser protegida, o químico pode também recorrer ao certificado de utilidade (modelo de utilidade) por vezes designado por uma pequena patente§. Como definido no capítulo anterior, este é um título concedido nas mesmas condições que a patente, mas com uma duração de apenas seis anos. É de notar que o seu procedimento de concessão é simplificado, mais rápido e menos dispendioso.

Deve-se lembrar que o certificado de utilidade é particularmente adequado para invenções que rapidamente se tornam obsoletas (inovação). Este título não é uma patente e não deve ser apresentado como tal, uma vez que isso constituiria um acto de concorrência desleal.

Em termos de pedidos de patentes, de acordo com o relatório da OMPI 2020, os estados com o maior número de requerentes no mundo são a China, os Estados Unidos, o Japão, a República da Coreia, os Países Baixos e a Alemanha, como se pode ver no quadro seguinte:

Origem	Patentes	Marcas	Desenhos e modelos
China	1	1	1
E.U.A.	2	2	4
Alemanha	5	4	3
Japão	3	5	8
República da Coreia	4	11	2
França	6	9	7
REINO UNIDO.	7	7	9
Índia	9	6	13
Itália	11	13	5
Suiça	8	14	10
Irão (República Islâmica do)	21	3	12
Federação Russa	12	8	16
Turquia	23	10	6
Países Baixos	10	19	14

Quadro 1. Ranking da actividade total de depósitos IP (residentes e estrangeiros) por origem, 2020

(Fonte: OMPI)

É importante dizer que os pedidos de patentes por área de tecnologia diferem de acordo com a origem. Assim, pode observar-se que algumas regiões do mundo estão mais concentradas em certos campos em comparação com outras. A este respeito, pode-se observar que a elevada proporção de pedidos de patentes está mais relacionada com os campos da informática e das tecnologias médicas para os residentes de Israel e dos Estados Unidos da América. Enquanto que os pedidos apresentados por residentes da Bélgica, Índia e Suíça estão mais concentrados no campo da química orgânica fina. Para os residentes da América Latina, particularmente no Brasil, os pedidos estão mais no campo da química de base. Na China e na Rússia, os candidatos estão mais no campo das tecnologias metalúrgicas. Para além destas observações, deve também notar-se que para países como o Japão, Singapura e a República da Coreia, os pedidos apresentados pelos residentes estão mais relacionados com o campo dos semicondutores, enquanto que para residentes de países europeus como a França, Alemanha e Suécia, os pedidos estão principalmente relacionados com tecnologias de transporte.

I. Invenção versus inovação

I-1. O que é inovação

A palavra "inovação" deriva da palavra latina "*inovare*", que significa renovar. Na sua essência, a palavra manteve o seu significado até aos dias de hoje. Inovação significa, portanto, melhorar ou substituir algo, por exemplo, um processo, um produto ou um serviço. Esquematicamente, "inovação" significa desenvolver uma nova ideia e pô-la em prática. Como este capítulo visa equipar o químico para empreender um ambiente empresarial determinado pelos imperativos do mercado, o químico deve compreender que o termo "inovação" se refere ao processo ou resultado de trazer ao mercado produtos (ou serviços) novos ou melhorados de valor, desde a formulação da ideia ou conceito até ao lançamento comercial bem sucedido, para satisfazer as necessidades explícitas ou implícitas dos clientes existentes ou potenciais (Sawhney et al., 77).

Isto significaria que para o químico que deseja ser empresário, ele ou ela deve compreender que a sua empresa deve procurar, através da inovação, entregar ao mercado um novo produto de valor inigualável que resolva um determinado problema, ou produza um efeito mais eficaz.

Exemplo de inovação em química:

Biopilhas

O desenvolvimento de uma biopilha tão eficiente como uma célula combustível de platina por químicos na Universidade Joseph Fourrier resultou numa patente registada no EPO sob o número EP2375481B1. Esta inovação em torno desta biopilha oferece uma alternativa às células de combustível que requerem metais raros e caros, como a platina.

Desenvolvimento de novas moléculas assistidas por computador

"Por exemplo, na indústria farmacêutica, um medicamento é uma molécula optimizada que satisfaz um conjunto complexo de especificações, com pesados constrangimentos técnicos e regulamentares: boa eficácia terapêutica (interacção privilegiada com um alvo biológico), efeitos secundários minimizados (nenhuma ou poucas interacções com outros alvos), solubilidade e biodisponibilidade óptimas (a molécula atinge efectivamente o seu alvo biológico no organismo), toxicidade minimizada (boa relação benefício/risco), custo de síntese aceitável, protecção industrial sólida (originalidade e novidade da molécula), etc.

Para cumprir tais especificações, o tempo de desenvolvimento de um novo medicamento desde a primeira síntese no laboratório até ao lançamento no mercado é agora de cerca de dez anos, e o custo pode atingir 1 bilião de euros. Para uma molécula comercializada, dezenas de milhares terão sido avaliadas durante as várias fases de investigação e desenvolvimento.

Para encontrar moléculas inovadoras, a química há muito que confia no acaso ou na analogia com a natureza.

A penicilina (um antibiótico), por exemplo, foi identificada por acaso porque matava colónias de bactérias numa placa de petri. A sacarina (um adoçante sintético) foi "provada" pelo químico que a sintetizou quando segurava um cigarro impregnado com ela nos seus lábios. Ou a aspirina foi identificada a partir do extracto do salgueiro, cujas decocções eram conhecidas para combater a febre.

Mas hoje em dia, os interesses económicos envolvidos na inovação já não nos permitem confiar exclusivamente no acaso ou na intuição. De facto, o "espaço químico" a explorar é infinito, e a probabilidade de encontrar a molécula certa da primeira vez diminui à medida que aumentam as restrições à comercialização.

Estes desafios levaram a indústria química a racionalizar o processo de inovação, tendo em conta o facto de que fenómenos químicos complexos são frequentemente abordados empiricamente. O segredo de um processo de inovação eficiente em química reside assim no bom funcionamento do ciclo virtuoso que liga a síntese de novas moléculas, o teste das propriedades dessas moléculas e a modelação.

Esta última permite, à medida que a experimentação progride, identificar as relações entre a estrutura química das moléculas e as propriedades desejadas. Estes modelos tornam então possível refinar gradualmente o "retrato-robô" da molécula óptima e orientar novas sínteses. A nível humano, isto requer uma relação estreita entre equipas multidisciplinares, cada uma das quais domina técnicas muito especializadas: químicos, físicos, biólogos, cientistas informáticos, etc.

*O sucesso também requer uma aceleração deste processo de inovação. A química industrial utiliza hoje várias tecnologias como a síntese a alta velocidade, em que as moléculas já não são sintetizadas à mão uma a uma, mas 100 por 100 (ou mais) com a ajuda de robôs, ou testes miniaturizados de alta velocidade (*HTS: 'high throughput screening'*), que permitem avaliar rapidamente as propriedades de um grande número de moléculas. Finalmente, é a extracção e utilização eficiente da informação que é a chave para o sucesso neste campo como em muitos outros.*

A diversificação de serviços da Ford

"Na década de 1960, durante a primeira parte da era da produção em massa, a indústria automóvel caracterizou-se por um elevado grau de normalização. O símbolo desta era é a famosa frase do industrialista Henry Ford: "Pode-se escolher qualquer cor, desde que seja preta". Hoje em dia, o carro personalizado tornou-se a norma, e ao consumidor é oferecida uma escolha muito ampla de opções (cores, acabamentos, equipamentos como GPS, carregadores de CD ou outros). Todos estes "extras" são o resultado da inovação.

A inovação aplica-se geralmente a um produto ou processo, e esta definição é apoiada pelas seguintes afirmações:

"Uma inovação é o primeiro sucesso económico que pode ser ligado a um produto, processo ou serviço" Fraunhofer, Technologie-Entwicklungsgruppe
"A inovação é a transformação de uma ideia num produto ou serviço vendável, num novo processo de fabrico ou distribuição ou num novo método de serviço" OCDE, Manual Frascati. "A *inovação não é uma ciência [nem] uma tecnologia [nem] uma invenção, mas a aplicação de conhecimentos que podem ser adquiridos através da aprendizagem, investigação ou experiência*" Padmashree Gehl Sampath.
De acordo com o Shumpeter académico, existem vários tipos de inovação, sendo o principal deles a inovação comercial:

- **Inovação do lado da oferta,** que consiste na criação de novos produtos ou serviços.

Por exemplo, NOVATIS desenvolveu um produto nutricional para pessoas que sofrem de insuficiência renal (ZA200006253B).

- **Inovação da plataforma,** que é a utilização de um conjunto de elementos comuns para diversificar a oferta de um produto. Um bom exemplo é a UPSA, que utiliza o mesmo ingrediente activo, paracetamol (acetaminofeno), para criar uma variedade de medicamentos de alta gama conhecidos sob o nome de marca "Efferalgan".

- **Inovação de soluções**, que consiste em criar combinações integradas e personalizadas de produtos e serviços. Um exemplo é o fabricante de equipamento químico analítico SHIMADZU, que desenvolveu uma solução que combina TI e um sistema de cromatografia de gás para ajudar os químicos a realizar análises de amostras.

- **Inovação do cliente,** que envolve oferecer produtos ou serviços a novos segmentos de clientes - uma empresa química pode, por exemplo, oferecer formação na sua área aos pensionistas.

É de notar que existem várias condições-quadro para promover a inovação e encorajar o crescimento económico:

J concorrência vigorosa e mercados abertos;

J uma infra-estrutura sólida e sustentável de investigação básica e desenvolvimento;

J políticas e mecanismos fiáveis para promover a interface ciência-inovação;

J sistemas reguladores eficazes e transparentes;

J uma alta prioridade a todos os níveis de educação. (Relatório da OCDE, p. 17)

a) Formas de estratégia de inovação

- Inovação Tecnológica Push

Também conhecido como Science Push ou Technology Push, Technology Driven Innovation é o desenvolvimento de avanços tecnológicos a fim de os trazer para o mercado. Neste caso, o objectivo é desenvolver um novo produto ou serviço com um elevado valor acrescentado tecnológico. Neste contexto, a fim de alcançar inovações de sucesso, a empresa promove a investigação e desenvolvimento (I&D). Não tem de financiar orçamentos pesados de investigação para trazer à luz novas tecnologias. Neste caso, falamos de inovação radical.

Um exemplo é a Apple com o desenvolvimento do iPad. É evidente que este tablet não satisfazia necessariamente as necessidades dos clientes, mas constituía no entanto um avanço tecnológico.

- Inovação de Puxar do Mercado

A inovação "market pull" tem origem nos utilizadores, uma vez que a empresa os envolve no seu processo.

Em contraste com o impulso tecnológico, esta estratégia permite à empresa inovar os seus produtos com base na procura e necessidades dos consumidores. O seu ponto de partida é, portanto, a análise do mercado. Aqui, a empresa tem o cuidado de desenvolver boas relações com os seus clientes e, especialmente, monitoriza o seu comportamento a fim de identificar as suas necessidades por vezes inesperadas. Em geral, consiste em criar valor acrescentado através da inovação incremental. Esta é uma das estratégias de grandes grupos como a Samsung, Visteon ou Caterpillar.

- *Procura de Necessidades*

É semelhante à estratégia *Market Pull*, na medida em que se posiciona no lado do mercado. A principal diferença é que, ao contrário da estratégia *Market Pull* que baseia as suas inovações na escuta das necessidades e expectativas dos utilizadores, a estratégia *Need Seeker* baseia-se antes na antecipação das necessidades futuras e utilizações ainda não expressas por estes últimos. Desta forma, a empresa é a primeira a entrar num mercado ainda não explorado por outros. Um exemplo disto é o produto da empresa **Tesla,** nomeadamente o carro eléctrico. Aqui o fundador Elon Musk criou uma necessidade que não era conhecida pelos utilizadores, nomeadamente a poupança de energia. A vantagem deste tipo de estratégia é que permite a geração de inovações revolucionárias baseadas nos usos e qualidades funcionais dos produtos.

b) Inovação radical, incremental, contínua e revolucionária

- **Inovação radical**

A inovação radical é uma invenção que destrói ou suplanta um modelo de negócio existente. É um tipo de inovação que combina o poder da tecnologia com um novo modelo de negócio. *Exemplo*: a penicilina, a televisão e a Internet.

- **Inovação progressiva**

A inovação incremental é um tipo de inovação que ocorre gradualmente, como o seu nome sugere. Não visa modificar profundamente o funcionamento do produto ou serviço e não se destina geralmente a substituir a tecnologia dominante. Exemplo: as diferentes formas de polímero.

- **Inovação de continuidade**

Este tipo de inovação está relacionado com a modificação de um produto que resulta em poucas mudanças para o consumidor. Exemplo: máquina NMR 1000 MHz vs. máquina NMR 800 MHz, ou MS "Windows 10" vs. MS "Windows 8".

- **Inovação ribeirinha**

Trata-se de um produto ou serviço radicalmente novo introduzido num novo mercado. Tão novo que requer um novo modelo de negócio para a empresa que o desenvolve. Exemplo: barras de oxigénio.

I-2 diferença entre invenção e inovação.

Como a definição de uma patente já foi discutida nas partes anteriores deste livro, iremos agora discutir mais alguns detalhes. Em geral, muitas pessoas utilizam erroneamente a ***invenção*** como sinónimo de ***inovação***. Para além de serem incorrectos, há outros aspectos que precisam de ser tidos em conta.

De facto, de acordo com o Cambridge Dictionary, uma invenção é definida como "*algo que nunca foi feito antes, ou o processo de criação de algo que nunca foi feito antes*". Isto implica que uma invenção deve ser algo inteiramente novo, algo que nunca tenha sido feito antes. Inventar algo é, portanto, descobrir algo novo.

Por outro lado, a inovação significa "*utilizar uma nova ideia ou método*". Inovar é introduzir algo novo no mercado, manipular invenções existentes e transformá-las num produto ou processo que possa ser utilizado no mundo real.

Não é fácil ver como pode ser difícil distinguir entre estes dois conceitos. Afinal de contas, "novo" é a palavra-chave para inovação e invenção. Mas a diferença essencial é que os inventores criam algo completamente original. Pode ser, por exemplo, uma ideia técnica ou um processo científico.

A ideia não é simplesmente inventar, o químico que se propõe a fazê-lo deve também provar a eficácia da sua invenção. Assim, ele não deve apenas apresentar uma nova ideia - deve também ser capaz de demonstrar que pode fazer com que a sua invenção tenha sucesso, daí a inovação.

É importante saber que para o químico inovador não é necessário que ele invente algo novo. Em vez disso, ele pode operar no campo do que já existe e está prontamente disponível para o seu trabalho. A questão é que os inovadores utilizam processos ou plataformas que já foram inventados para criar um produto ou processo comercialmente bem sucedido que satisfaça uma necessidade do mercado e faça com que os clientes façam fila. Como exemplo das inovações em torno do ácido salicílico, citamos aqui o médico suíço, Marcellus Nencki, que tentou melhorar as propriedades antibacterianas desta molécula reagindo-a com fenol (1880) para obter salol. Aqui podemos ver que o médico utiliza ácido salicílico, já conhecido por certas propriedades, para o melhorar.

Acide salicylique + Phénol → Salol

Um produto ou processo é inventivo se nunca foi feito antes - a sua capacidade de inovação depende da capacidade dos utilizadores de dele retirarem um valor real.

Se pensarmos em invenção e inovação num contexto real, podemos observar uma tendência. As grandes inovações não foram necessariamente feitas por aqueles que tiveram a ideia pela primeira vez.

Em vez disso, são atribuídas ao inovador que conseguiu transformar a ideia num produto viável.

Por exemplo, a molécula ddt . **DDT** (ou **diclorodifeniltricloroetano** ou *bis p- clorofenil-2,2tricloro-1,1,1 etano* ou *l,l,l-tricloro-2,2-bis(p- clorofenil)etano* para a nomenclatura química) é um químico (organocloroetano) sintetizado em 1874 por Othmar Zeidler, um estudante de química da Universidade de Estrasburgo. Deve dizer-se que na altura da sua síntese, esta molécula não tinha qualquer interesse. Foi apenas em 1939 que Paul Hermann Muller descobriu as suas propriedades insecticidas e acaricidas e que a empresa Geigy, da qual ele era empregado, registou uma patente para esta descoberta. Recorde-se que esta inovação, que pretendia ser uma invenção, permitiu que o professor em questão se tornasse vencedor do Prémio Nobel da fisiologia ou da medicina, em 1948. Apesar de esta molécula ser hoje considerada como um P.O.P. (poluente orgânico persistente), permitiu, em tempos, a luta contra a malária.

Outro exemplo é o telégrafo, "uma das grandes inovações do século XIX". O primeiro telégrafo bruto foi inventado na Baviera em 1809, mas Samuel Morse, que também criou o código Morse, foi a primeira pessoa a construir um sistema de comunicação telegráfico comercialmente bem sucedido. O telégrafo Morse era acessível, eficiente e podia ir mais longe que os esforços similares de Sir William Cooke e Charles Wheatstone, ao mesmo tempo em Londres. Quem se importava se a ideia não era dele em primeiro lugar? Morse certamente não - fundou a Magnetic Telegraph Company e lançou a primeira linha de telégrafo comercial nos EUA. Com a sua alta velocidade, esta inovação revolucionou a face da comunicação. Morse não inventou o primeiro telégrafo, mas desenvolveu e melhorou o processo, lançando o primeiro telégrafo comercial e moldando o cenário da comunicação do início do século XIX.

Há aqui uma valiosa lição a aprender. Uma invenção original não o levará muito longe se não for suficientemente inovadora. Se uma invenção não tiver um valor real para o utilizador, será ultrapassada por uma inovação que consiga satisfazer uma necessidade.

Outra palavra que ressoa com os termos "inovação" e "invenção" é "criativo". De facto, o termo "criativo" refere-se à capacidade de pensar e agir de uma forma inovadora. Agora, a invenção requer criatividade no sentido em que depende da capacidade do inventor para criar uma visão do que pensa que pode ser construído e para fazer acontecer algo que nunca ninguém fez antes. É claro que a visão criativa do inventor é condicionada pelo quadro da realidade. Eles querem compreender como fazer algo de uma nova forma, trabalhando dentro dos limites do que é possível através da ciência.

Os inovadores, por outro lado, pegam numa invenção e utilizam-na para criar uma visão de um processo ou produto que será tão útil para os seus utilizadores que estes pagarão voluntariamente por ela. Eles perguntam: o que é preciso fazer para melhorar um produto? Qual é a peça que falta no puzzle que fará deste produto uma adição inestimável ao que já está disponível? Os inovadores não usam a sua criatividade para inventarem algo novo. Em vez disso, utilizam-na para vislumbrar o sucesso comercial.

Estabelecemos que enquanto a invenção é sobre a criação de algo novo e original, a inovação é sobre a transformação dessa novidade num produto comercial. A inovação pode ser o sinónimo glamoroso de sucesso no mundo dos negócios, mas a invenção estará sempre no seu âmago.

Portanto, para vender a sua invenção o químico deve ser inovador, ou seja, o inventor-químico que está a considerar o empreendedorismo deve ser capaz de pegar na sua ideia e desenvolvê-la em soluções inovadoras capazes de serem comercializadas.

"Steve Jobs nunca teria sido capaz de perturbar completamente o mercado com a Apple se Ted Hoff, um engenheiro da Intel, não tivesse inventado o primeiro microprocessador em 1971. O microprocessador de Hoff, que era tão pequeno como uma miniatura, podia executar programas de computador, armazenar informação e gerir dados tudo em um, abrindo caminho para aquilo a que chamamos o computador pessoal. Poucas pessoas saberão o nome de Hoff hoje em dia, mas para criar algo irresistível no mercado, é preciso uma invenção brilhante para começar".

A criatividade inovadora é a chave do sucesso empresarial e deve sustentar qualquer conceito empresarial viável, mas ao celebrarmos os inovadores de hoje, não esqueçamos que por detrás de cada grande inovação, existe uma invenção que tornou tudo isto possível em primeiro lugar.

Em conclusão, a invenção implica a criação de uma coisa nova, enquanto que a inovação está relacionada com um conceito de utilização de uma ideia ou de um processo ou de um método. Embora esta diferença seja omnipresente e, em muitos casos em dicionários, seja considerada sinónima, estes dois conceitos não são de todo permutáveis.

A descrição de uma invenção é normalmente uma "coisa", enquanto que uma inovação é normalmente uma invenção que provoca uma mudança de comportamento ou interacções e que, em última análise, resulta num produto ou processo. Muitas empresas afirmam ser líderes em inovação, mostrando uma carteira de patentes como prova. De certa forma, sim, as patentes são prova de invenções, documentando essa invenção através de um processo legal. A utilidade de todas as invenções da empresa não está provada, pelo que as invenções não são inovações. Sabe-se que muitas patentes não têm qualquer utilização prática ou influência sobre qualquer produto da indústria. Portanto, tais patentes sem qualquer utilização ou aplicação não são uma inovação (Walker, 2015).

Claramente, a invenção cria algo novo, enquanto que a inovação cria algo que vende.

11. Como encontrar informação sobre patentes?

II-1. Como pesquisar patentes

É tentador pensar que todas as pesquisas podem ser efectuadas electronicamente - e para a maioria das patentes modernas (publicadas depois de 1975) isto é essencialmente verdade. Os pesquisadores de patentes, especialmente os inventores que precisam de efectuar pesquisas extensivas em todo o campo das patentes para garantir que a sua ideia ainda não foi patenteada, têm opções mais limitadas disponíveis electronicamente e gratuitamente. As patentes americanas anteriores a 1976 são frequentemente difíceis de encontrar porque as páginas de patentes foram colocadas na base de dados do USPTO como imagens digitalizadas, sem capacidade de pesquisa de texto completo, o mesmo é verdade para a Europa, Ásia e outros locais. Nos Camarões, recomenda-se que se vá ao OAPI. Assim, as patentes mais antigas de fora dos Camarões podem ser ainda mais difíceis de encontrar. Abaixo estão algumas dicas e estratégias básicas para localizar patentes.

O objectivo: pesquisa de patentes de acesso aberto

a) Se souber o número da patente :

Em muitos aspectos, o número da patente é a chave mágica do sistema de informação de patentes. Não importa quando ou onde a patente foi concedida, se souber o número da patente, pode quase sempre recuperar rapidamente a patente em texto integral utilizando ferramentas gratuitas disponíveis online. Quase todos os websites gratuitos de pesquisa de patentes permitirão introduzir um número de patente dos EUA e recuperar uma versão PDF da patente, enquanto outros também cobrem patentes de outros países em todo o mundo.

A Lente cobre mais de 100 milhões de documentos de patentes de todo o mundo. Inclui pesquisa por classificação e acesso rápido à informação da família de patentes.

Acesso aberto às patentes do Google

Pesquisa rápida de palavras-chave para patentes dos EUA e outras patentes. O texto completo das patentes mais antigas pode apresentar problemas devido ao reconhecimento automático de caracteres a partir de ficheiros de imagens de patentes digitalizadas.

b) Se souber o nome do inventor, proprietário ou cessionário :

Pesquisa via **Lente** ou **Espacenet.** Estas ferramentas permitem-lhe limitar a sua pesquisa a campos específicos (incluindo cessionário, inventor, proprietário, etc.) nos metadados da patente, em vez de procurar palavras em qualquer parte do texto completo. Isto pode recuperar rapidamente uma lista de patentes detidas por uma determinada empresa ou inventadas por uma determinada pessoa.

Espacenet Acesso Aberto

Acesso livre a milhões de documentos de patentes, contendo informações sobre invenções e desenvolvimentos técnicos de todo o mundo.

c) Se conhece o tema da invenção :

Se não tiver uma patente específica em mente e desejar simplesmente procurar patentes por assunto ou por tipo de produto ou processo a ser patenteado, há várias opções:

Pesquisa por palavras-chave

A pesquisa de palavras-chave utilizando ferramentas de pesquisa de patentes gratuitas pode dar-lhe uma ideia do que existe por aí. Também pode utilizar esta estratégia para identificar códigos de classificação, nomes de inventores e outras informações que poderá depois utilizar para efectuar pesquisas adicionais.

Acesso aberto às patentes do Google

Pesquisa rápida de palavras-chave para patentes dos EUA e outras patentes. O texto completo das patentes mais antigas pode apresentar problemas devido ao reconhecimento automático de caracteres a partir de ficheiros de imagens de patentes digitalizadas.

Pesquisa de classificação

Isto envolve uma pesquisa utilizando a classificação cooperativa de patentes ou outro sistema de classificação de patentes. Estes sistemas organizam as patentes hierarquicamente de acordo com o seu objecto ou finalidade. Se conhecer a classificação do tipo de artigo em que está interessado, pode localizar rapidamente as patentes para esse tipo de artigo, independentemente da terminologia utilizada na patente. Isto irá frequentemente encontrar patentes perdidas por uma pesquisa por palavra-chave.

Classificação Internacional de Patentes (IPC) ou Classificação Cooperativa de Patentes (CPC)

A classificação de patentes é um sistema para organizar todos os documentos mundiais de patentes e outros documentos técnicos em grupos tecnológicos específicos com base num tema comum.
"O sistema IPC está organizado em níveis hierárquicos, do mais alto ao mais baixo. Contém secções, classes, subclasses e grupos (grupos e subgrupos principais). Cada secção tem um título e um código de letra específicos, como se segue:

A: Necessidades comuns da vida

B: Várias técnicas industriais; Transportes

C: Química; Metalurgia

D: Têxteis; Papel

E: Construções fixas

F: Mecânica; Iluminação; Aquecimento; Armas; Salto

G: Física

H: Electricidade

Da secção (nível hierárquico mais elevado) ao subgrupo (nível hierárquico mais baixo), o código "C21B 7/10" pode, por exemplo, ser dividido da seguinte forma Secção C: Química; Metalurgia

Classe C21: Metalurgia do ferro

Subclasse C21B: Fabrico de ferro ou aço

Grupo principal C21B 7/00: Altos-fornos

Sub-Grupo C21B 7/10: Refrigeração; Equipamento de refrigeração.

Uma pesquisa utilizando, por exemplo, a subclasse C21B devolverá todos os ficheiros classificados no grupo principal C21B 7/00 e nos grupos principais C21B 3/00, C21B 5/00 e posteriores. Os subgrupos são então divididos em subgrupos com um ou mais pontos em frente do título, dependendo da sua posição hierárquica. Um subgrupo contendo um certo número de pontos é uma subdivisão do subgrupo precedida por um ponto a menos que esteja imediatamente acima. No exemplo abaixo, os subgrupos C02F 1/461 e C02F 1/469 (dois níveis de pontos) representam subdivisões do subgrupo C02F 1/46 (nível de um ponto).

A fim de identificar os símbolos IPC relevantes, pode pesquisar a classificação por palavra-chave no website da OMPI em: https://ipcpub.wipo.int/

. Ao introduzir palavras-chave no sistema, obterá uma lista de símbolos IPC que podem corresponder aos termos em questão.

É de notar que existem outros sistemas de classificação importantes utilizados pelos institutos de patentes, nomeadamente

- o sistema de Classificação Cooperativa de Patentes (CPC), desenvolvido conjuntamente pelo Instituto Europeu de Patentes (EPO) e pelo Instituto de Patentes e Marcas dos Estados Unidos (USPTO), que se baseia no IPC e depois dividido em subgrupos específicos;
- o sistema File Index (FI) utilizado pelo Instituto Japonês de Patentes, baseado no IPC e incluindo subdivisões e elementos de classificação adicionais ("F-terms") para indicar técnicas ou aspectos particulares de uma invenção" (Guia de Patentes da OMPI).

Utilização de uma base de dados especializada

Algumas bases de dados de temas também contêm informações sobre patentes relacionadas com esse tema. Pode procurar o seu tópico nestas bases de dados e depois limitar os seus resultados às patentes. Por exemplo, pode usar SciFinder para encontrar informação química em patentes (SciFinder requer uma ID de rede ISU actual para aceder a ela).

SciFindern

Contém informação sobre recursos químicos, incluindo artigos, patentes, protocolos, procedimentos, estruturas e reacções.

Boletim da Organização Africana da Propriedade Intelectual

http://www.oapi.int/index.php/en/brevets,

Tal como o INPI, este documento publica todos os pedidos de registo de marcas, modelos, desenhos e indicações geográficas, assim como patentes. O BOPI existe em papel e em formato digital e também fornece informações sobre as últimas invenções.

III. Como ler uma patente

a) A anatomia de uma patente

Em termos gerais, a patente típica é constituída por três partes principais:

J Uma página de rosto, contendo informações factuais relativas ao inventor, requerente e outros detalhes do pedido, a sua publicação e estado, bem como um resumo da invenção apresentada (esta página é também chamada de "primeira página", e este tipo de informação é frequentemente referida como "informação bibliográfica")

J Especificações/divulgação/descrição, que podem incluir desenhos e figuras descrevendo o contexto tecnológico da invenção e explicando como encarnar a invenção;

J Queixas

Nota: O que uma patente não diz

Contudo, tenha em mente que há várias coisas importantes que a patente não lhe dirá, tais como

- Os custos de manutenção foram pagos?
- A patente expirou?
- Quem é o actual titular da patente?
- A patente foi invalidada, aplicada, licenciada ou vendida?
- Foram apresentados quaisquer outros pedidos (tais como continuações ou pedidos divisionários) para este assunto após a concessão desta patente?

Com esta visão geral em mente, vamos analisar mais de perto cada secção de um pedido de patente, utilizando uma patente expirada como exemplo de referência.

Uma página de rosto

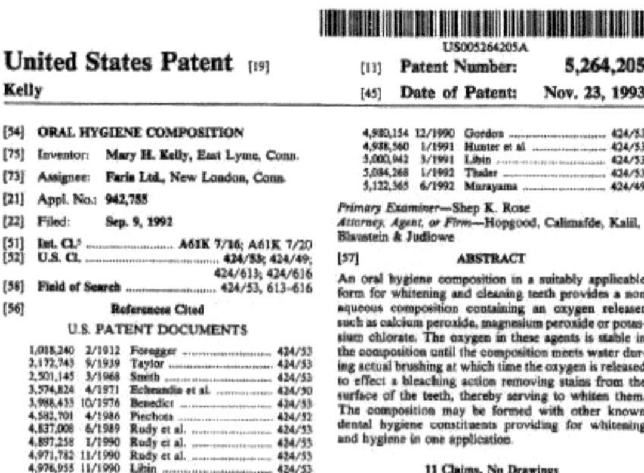

US005264205A

United States Patent [19]
Kelly

[11] **Patent Number: 5,264,205**
[45] **Date of Patent: Nov. 23, 1993**

[54] **ORAL HYGIENE COMPOSITION**
[75] Inventor: **Mary H. Kelly, East Lyme, Conn.**
[73] Assignee: **Faria Ltd., New London, Conn.**
[21] Appl. No.: **942,755**
[22] Filed: **Sep. 9, 1992**
[51] Int. Cl.[5] **A61K 7/16; A61K 7/20**
[52] U.S. Cl. **424/53; 424/49; 424/613; 424/616**
[58] **Field of Search** 424/53, 613-616
[56] **References Cited**

U.S. PATENT DOCUMENTS

1,018,240	2/1912	Foregger	424/53
2,172,743	9/1939	Taylor	424/53
2,501,145	3/1968	Smith	424/53
3,574,824	4/1971	Echeandia et al.	424/50
3,988,433	10/1976	Benedict	424/53
4,582,701	4/1986	Piechota	424/52
4,837,008	6/1989	Rudy et al.	424/53
4,897,258	1/1990	Rudy et al.	424/53
4,971,782	11/1990	Rudy et al.	424/53
4,976,955	11/1990	Libin	424/53
4,980,154	12/1990	Gordon	424/53
4,988,500	1/1991	Hunter et al.	424/53
5,000,942	3/1991	Libin	424/53
5,084,268	1/1992	Thaler	424/53
5,122,365	6/1992	Murayama	424/49

Primary Examiner—Shep K. Rose
Attorney, Agent, or Firm—Hopgood, Calimafde, Kalil, Blaustein & Judlowe

[57] **ABSTRACT**

An oral hygiene composition in a suitably applicable form for whitening and cleaning teeth provides a non aqueous composition containing an oxygen releaser such as calcium peroxide, magnesium peroxide or potassium chlorate. The oxygen in these agents is stable in the composition until the composition meets water during actual brushing at which time the oxygen is released to effect a bleaching action removing stains from the surface of the teeth, thereby serving to whiten them. The composition may be formed with other known dental hygiene constituents providing for whitening and hygiene in one application.

11 Claims, No Drawings

O título, resumo e, por vezes, desenhos fornecidos na primeira página limitam-se a resumir a tecnologia descrita na patente e o âmbito geral da divulgação da patente. Não são a fonte primária para determinar o que a patente cobre efectivamente (que é indicado nas reivindicações no final da patente).

TÍTULO (54)

Isto é bastante explícito - é o título completo da patente. O requerente geralmente escolhe o título, mas por vezes o instituto de patentes sugere alterações durante o processo de exame.

INVENTORES (75)

Qualquer pessoa que tenha contribuído para a invenção citada em pelo menos uma reivindicação da patente será listada, juntamente com a sua cidade de residência.

Nos termos da lei americana, os direitos de patente pertencem por defeito ao(s) inventor(es) (isto é, na ausência de um acordo em contrário). Assim, se quiser saber a quem pertence uma patente, pode começar com os inventores. Mas, na grande maioria dos casos, os inventores cedem os seus direitos ao seu empregador ou a outra entidade comercial.

ASSIGNEE (73)

Isto indica se a patente era propriedade de uma pessoa ou entidade comercial que não os inventores no momento em que a patente foi concedida pelo Instituto Americano de Patentes.

Mas a patente pode ter sido cedida ou transferida desde a sua concessão original. Para as informações públicas mais recentes sobre a cessão da patente, consultar a Base de Dados de Cessão de Patentes do USPTO.

DEPOSIÇÃO (DA TE DE DEPOT) (22)

Esta é geralmente a "data de depósito efectiva" por defeito para todas as reivindicações da patente, ou seja, a data decisiva para determinar qual o estado da técnica que pode ser utilizado para invalidar a patente.

NÚMERO DA PATENTE (11)

DATA DE PUBLICAÇÃO (45)

NÚMERO DE PUBLICAÇÃO PARA ESTA PATENTE (21)

CIP INTERNACIONAL (51)

CLASSIFICAÇÃO AMERICANA (52)

DADOS SOBRE UMA RECLAMAÇÃO ANTERIOR QUE PODE DAR UMA DATA PRIORITÁRIA PARA ALGUM OU TODAS AS RECLAMAÇÕES (65) (às vezes)

CAMPO DE PESQUISA (58)

RESUMO DESCRITIVO DA INVENÇÃO (17)

INFORMAÇÃO PRIORITÁRIA

Por vezes um pedido de patente "reivindica prioridade" sobre um ou mais pedidos de patente anteriores. O pedido de patente anterior é normalmente chamado "pedido prioritário".

Exemplos de potenciais "aplicações prioritárias" incluem

Uma aplicação provisória

Uma aplicação estrangeira

Uma aplicação PCT

Um pedido anterior não-provisional apresentado nos EUA

Por conseguinte, esta secção mostra-lhe as datas anteriores que poderiam ser consideradas como a "data efectiva de depósito" da patente.

No entanto, uma patente listará por vezes um pedido prioritário que não descreve suficientemente a invenção reivindicada. As reivindicações que não são suficientemente descritas num pedido de prioridade não beneficiam da data efectiva de depósito do pedido de prioridade. Nesses casos, a data de apresentação efectiva das reivindicações não corresponderia à "data de apresentação" indicada acima. Exemplo :

(19) Europäisches Patentamt
European Patent Office
Office européen des brevets

(11) EP 1 424 059 B1

(12) FASCICULE DE BREVET EUROPEEN

(45) Date de publication et mention de la délivrance du brevet: 07.06.2006 Bulletin 2006/23

(51) Int Cl.: A61Q 1/00 A61K 8/92

(21) Numéro de dépôt: 03292110.8

(22) Date de dépôt: 27.08.2003

(54) **Composition cosmétique comprenant une cire collante**

Kosmetische Zusammensetzung die ein klebriges Wachs enthält

Cosmetic composition comprising a tacky wax

(84) Etats contractants désignés:
AT BE BG CH CY CZ DE DK EE ES FI FR GB GR HU IE IT LI LU MC NL PT RO SE SI SK TR

(30) Priorité: 06.09.2002 FR 0211096
06.09.2002 FR 0211104
06.09.2002 FR 0211097
30.09.2002 FR 0212097
30.09.2002 FR 0212098

(43) Date de publication de la demande: 02.06.2004 Bulletin 2004/23

(73) Titulaire: L'OREAL
75008 Paris (FR)

(72) Inventeurs:
- de la Poterie, Valérie
77820 Le Chatelet en Brie (FR)
- Daubige, Thérèse
77480 Mousseaux les Bray (FR)
- Styczen, Patrice
91190 Gif-sur-Yvette (FR)

(74) Mandataire: Kromer, Christophe
L'OREAL - D.I.P.I.
25-29 Quai Aulagnier
92600 Asnières (FR)

(56) Documents cités:
EP-A- 0 987 002
EP-A- 1 201 222
DE-A- 19 751 221
US-A- 5 783 176

- DONATAS SATAS: "Handbook of Pressure Sensitive Adhesive Technology" 1989, SATAS & ASSOCIATES , WARWICK, US * page 36 - page 47 *

Remarques:
Le dossier contient des informations techniques présentées postérieurement au dépôt de la demande et ne figurent pas dans le présent fascicule

REFERÊNCIAS CITADAS: ARTE ANTERIOR

(PATENTES ANTERIORES DE NÓS E OUTRAS PUBLICAÇÕES ANTERIORES CONSIDERADAS RELEVANTES PELO EXAMINADOR DE PATENTES) (56)

Esta é uma lista de referências que foram tidas em conta pelo instituto de patentes durante o processo de exame. Por outras palavras, o examinador concluiu que as reivindicações da patente eram patenteáveis em relação ao estado da técnica descrito nestas referências.

Será muito difícil para um terceiro utilizar qualquer uma das referências listadas nesta secção para contestar a validade da patente (por exemplo, em processos de DPI), uma vez que se assume que o instituto de patentes fez o seu trabalho correctamente no exame inicial da patente.

Portanto, como titular de uma patente, quer que o estado da arte mais próximo seja aqui citado, a fim de ter a mais forte presunção de validade a seu favor.

[56] Referências Citadas

[56] **References Cited**

U.S. PATENT DOCUMENTS

1,018,240	2/1912	Foregger	424/53
2,172,743	9/1939	Taylor	424/53
2,501,145	3/1968	Smith	424/53
3,574,824	4/1971	Echeandia et al.	424/50
3,988,433	10/1976	Benedict	424/53
4,582,701	4/1986	Piechota	424/52
4,837,008	6/1989	Rudy et al.	424/53
4,897,258	1/1990	Rudy et al.	424/53
4,971,782	11/1990	Rudy et al.	424/53
4,976,955	11/1990	Libin	424/53

DOCUMENTOS DE PATENTES DOS E.U.A.

ABSTRACT

Também isto é bastante auto-explicativo - este é um breve resumo da invenção em termos gerais. O resumo deve ser de 150 palavras ou menos, e é frequentemente redigido com base nas reivindicações que foram originalmente apresentadas no pedido que conduziu à patente concedida.

[57] **ABSTRACT**

An oral hygiene composition in a suitably applicable form for whitening and cleaning teeth provides a non aqueous composition containing an oxygen releaser such as calcium peroxide, magnesium peroxide or potassium chlorate. The oxygen in these agents is stable in the composition until the composition meets water during actual brushing at which time the oxygen is released to effect a bleaching action removing stains from the surface of the teeth, thereby serving to whiten them. The composition may be formed with other known dental hygiene constituents providing for whitening and hygiene in one application.

DESENHO REPRESENTATIVO

O examinador escolherá um desenho representativo da sua invenção para incluir na parte inferior da primeira página ou no final do trabalho.

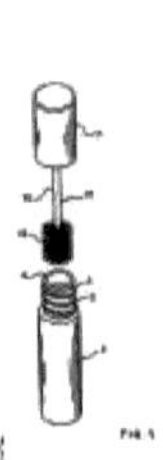

ESPECIFICAÇÕES

Em termos simples, a especificação refere-se à parte escrita da patente, excluindo a primeira página e os desenhos (segundo a lei dos EUA, as reivindicações fazem tecnicamente parte da especificação, mas tratamo-las separadamente neste artigo devido à sua importância).

A especificação fornece o contexto mais relevante para a interpretação das reivindicações na secção final da patente. Por exemplo, se a especificação incluir uma definição para um termo nas reivindicações, então as reivindicações serão interpretadas utilizando essa definição.

Basicamente, toda a terminologia das alegações será interpretada de uma forma consistente com a terminologia utilizada na descrição. Como os advogados de patentes gostam de dizer, "o proprietário da patente é o seu próprio lexicógrafo".

CONTEXTO

Os antecedentes descrevem brevemente o contexto geral da invenção. Tudo na secção de antecedentes pode potencialmente ser considerado como "arte prévia admitida" pelo examinador, pelo que a secção de antecedentes diz muitas vezes muito pouco sobre a invenção real que está a ser patenteada.

DESCRIÇÃO DETALHADA

A descrição detalhada (juntamente com a secção de resumo, em alguns casos) constitui a principal divulgação técnica da patente.

Esta secção estabelece por escrito a possibilidade de divulgação da invenção - ou seja, descreve a invenção em termos que permitiriam a uma pessoa de habilidade comum na arte fazer ou utilizar a invenção. A descrição detalhada descreve também o melhor método de fazer e utilizar a invenção.

Cada figura e número de referência nos desenhos deve ser referido e nomeado aqui. A descrição pode também incluir diferentes encarnações da invenção.

Antes de passar às reivindicações, ter em mente que a totalidade da patente concedida pode ser utilizada como arte prévia contra pedidos de patente subsequentes. Basicamente, se estiver a examinar uma patente para determinar se a sua própria invenção é patenteável, a secção mais relevante para a sua análise será normalmente a descrição detalhada da patente.

RESUMO

A parte mais importante do documento, as reivindicações declaram e definem o âmbito dos direitos exclusivos da patente. Por outras palavras, descrevem o que a patente faz ou não abrange. Cada elemento da reivindicação deve ser representado nos desenhos e descrito na descrição detalhada. *"As reivindicações são uma parte técnica do pedido de patente. Elas definem o produto ou processo que é objecto da protecção conferida pela patente. É feita uma distinção entre reivindicações principais (ou reivindicações independentes), que fornecem a definição mais geral do produto ou processo reivindicado, e reivindicações secundárias (ou reivindicações dependentes), que complementam a definição fornecida por uma reivindicação principal com detalhes adicionais.* Ver exemplo

	Reclamações independentes	**Créditos dependentes**
Âmbito	As mais amplas reivindicações da patente	Reduz ainda mais o âmbito de uma reclamação independente anterior
Identificação das características	Normalmente começa com a palavra 'A' (tal como 'Um sistema...' ou 'A	Fazer sempre referência explícita a outro
	método..."). Não fazer referência a qualquer outra declaração.	alegação (tal como "o método de alegação 3.").
Deve ser utilizado para determinar se um produto ou processo infringe a patente?	Sim.	Não. Pelo menos não principalmente.
Porquê?	Se o produto infringe mesmo uma das reivindicações independentes, então o produto infringe a patente. Se o produto NÃO infringe nenhuma das reivindicações independentes, o produto não infringe a patente.	As alegações dependentes são sempre mais restritas do que a alegação de que dependem, o que significa que um produto NÃO PODE infringir uma alegação dependente, a menos que o produto também infrinja a alegação de que depende. Mas as reivindicações dependentes são úteis para a interpretação de reivindicações independentes, por isso não as ignore.

Exercício de aplicação: encontrar esta patente e localizar as diferentes partes

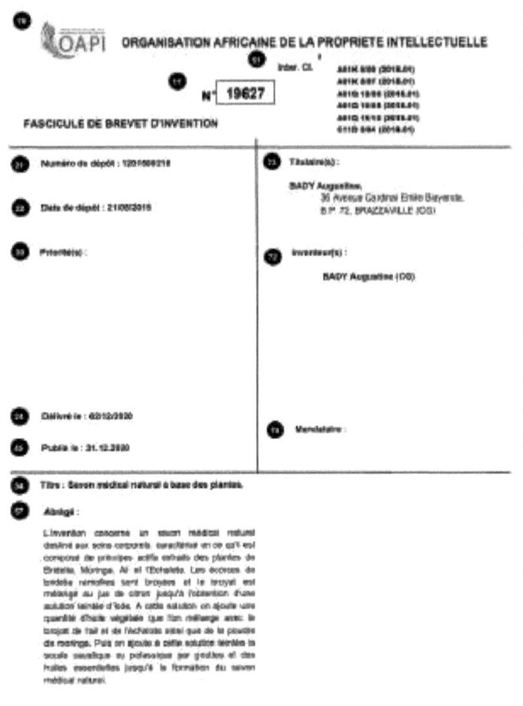

OAPI ORGANISATION AFRICAINE DE LA PROPRIETE INTELLECTUELLE

N° 19627

FASCICULE DE BREVET D'INVENTION

BADY Augustine

B.P. 72, BRAZZAVILLE (CG)

Titre : Savon médical naturel à base des plantes.

Abrégé :

A invenção diz respeito a uma natureza médical sabão para cuidados corporais, caracterizado por ser composto de principios activos extraidos das plantas de **Bridelia**. Monnga, **Alho** e Chalota. Os decretos de **Bridelia** amaciada são esmagados e o material esmagado é misturado **com** sumo de limão **até à** obtenção de uma solução com cobertura de iodo. **A** esta solução é adicionada uma quantidade de óleo **vegetal** que é **misturado** com o alho e o fescalot esmagado e moringa em pó. Em **seguida,** adiciona-se soda cáustica ou hidróxido de potássio em gotas a esta solução colorida e adicionam-se óleos essenciais até à formação **do** sabão medicinal natural.

b) Como ler um pedido de patente em quatro etapas

"Dica 1**: **Diferenciar entre patentes e pedidos de patente

Quando um requerente apresenta um pedido de patente, o pedido incluirá uma versão da patente que o requerente deseja que o examinador de patentes examine e avalie. Uma vez que esta versão da patente seja apresentada, permanecerá geralmente confidencial por um período de 18 meses. No termo do período de 18 meses, esta versão será publicada como um "pedido de patente" com um número de identificação e (em muitos países) o número de identificação será seguido pela letra "A". Uma vez que o examinador tenha avaliado o pedido de patente e assegurado que este satisfaz os requisitos legais locais (e o requerente trate dos vários requisitos administrativos), o pedido de patente será concedido/emitido e é referido como uma "patente concedida", "patente concedida". ou informalmente como uma 'patente'. Em alguns países, a patente concedida terá o mesmo número que o pedido de patente mas com a letra "B" ou possivelmente "C" após o número. Noutros países (nomeadamente nos EUA e Japão), a patente concedida será publicada com um número diferente do do pedido de patente. O ponto-chave é que o pedido de patente será a primeira divulgação pública das descobertas científicas.

1.1. Pedidos ao abrigo do Tratado da Convenção de Patentes (PCT)

As patentes são específicas à jurisdição (ou seja, uma patente concedida protege uma invenção apenas no país que concedeu/emitiu a patente). Se um requerente desejar obter protecção de patente em mais do que um país, pode (dentro de um certo prazo) enviar cópias da sua versão da patente aos institutos de patentes em todo o mundo. Em alternativa, para reduzir a carga administrativa, o requerente pode optar por apresentar um único "pedido PCT". O pedido PCT reduz a carga administrativa para o requerente porque, após um período de tempo, o pedido PCT é convertido em vários pedidos individuais de patentes estrangeiras, um em cada país onde a protecção de patentes é solicitada. Se for apresentado um pedido PCT, este substituirá o pedido de patente acima mencionado (ou seja, o pedido PCT será publicado 18 meses após o requerente ter apresentado a primeira versão da patente). Por conseguinte, o pedido de patente pode tomar a forma de um pedido PCT.

2. Dica 2: Oriente-se

Antes de ler uma patente ou pedido de patente, é útil compreender a estrutura geral de patentes e pedidos de patente; ou seja, o tipo de informação geralmente contida em cada secção do documento. Para aqueles que não estão familiarizados com a leitura de patentes/aplicações, saber a finalidade de cada secção e onde se encontra a informação chave poupará tempo. Algumas patentes e pedidos de patentes contêm títulos de secção úteis e outras simplesmente fornecem a informação. No entanto, para satisfazer todos os requisitos legais, a maioria das patentes/pedidos de patentes estão estruturados da seguinte forma:

Título : *O título de um pedido de patente/patente deve indicar de forma clara, concisa e tão precisa quanto possível a categoria geral da invenção (por exemplo, produto, processo, aparelho, utilização) e a invenção (por exemplo, um composto químico identificado ou tipo de espectrómetro de massa com características melhoradas identificadas). O título destina-se a identificar a invenção com a maior precisão possível. No entanto, uma patente concedida pode ter um título diferente do do pedido de patente correspondente, e tal mudança de título pode reflectir melhorias em resposta aos comentários do instituto de patentes. Apesar da exigência de especificidade, alguns titulares de patentes procuram títulos gerais que podem não ajudar muito os leitores que procuram compreender o tipo de descobertas científicas publicadas no pedido/patente de patente.*

Resumo: *O resumo contém geralmente um breve resumo da invenção e das suas importantes características técnicas. Deve também indicar o campo técnico a que a invenção pertence e identificar o problema técnico que a invenção procura resolver.*

Antecedentes*: Os antecedentes definem o que era conhecido no campo técnico na altura em que o pedido de patente foi apresentado e identificam geralmente o(s) problema(s) específico(s) que a invenção procura resolver.*

Resumo da invenção: *Esta secção deve resumir a invenção e explicar como a invenção resolve o(s)* *problema(s) identificado(s) no fundo.*

Introdução aos desenhos: Nem todas as patentes contêm ilustrações da invenção (chamadas "desenhos"). Se o titular da patente incluir desenhos, a especificação da patente conterá normalmente uma lista e uma breve descrição de cada desenho.

***Descrição detalhada: O** objectivo da descrição detalhada é descrever a invenção com detalhe suficiente para permitir a uma pessoa competente na arte realizar o processo e/ou fabricar o produto descrito na patente. Assim, de acordo com a invenção, esta secção conterá pormenores sobre o melhor método de utilização e/ou fabrico da invenção e poderá incluir informações sobre os materiais a partir dos quais a invenção pode ser construída, as quantidades relativas dos vários componentes de uma invenção, e afins. Esta secção pode também definir certos termos utilizados noutros locais da patente.*

***Exemplos**: Nem todas as patentes conterão exemplos, mas são comuns em patentes químicas e biológicas e geralmente contêm informações semelhantes às contidas nas secções "métodos" e "resultados" dos artigos de revistas científicas. Por exemplo, os exemplos podem descrever um processo de síntese para aceder a uma determinada molécula e resultados que confirmem a síntese da molécula. Em geral, os exemplos devem mostrar como o(s) problema(s) identificado(s) no contexto foram resolvidos pelo titular da patente.*

***Reclamações :** As reivindicações definem precisamente a invenção que é protegida pela patente. A primeira reivindicação incluirá normalmente apenas as características essenciais da invenção. Haverá frequentemente reivindicações adicionais que se referem à reivindicação ampla, chamada "reivindicações dependentes". Nas reivindicações dependentes, poderá haver características subsidiárias que reduzam o âmbito de uma característica essencial. Por exemplo, a reivindicação 1 pode definir um espectrómetro de mobilidade iónica com várias características essenciais, uma das quais é "um primeiro campo eléctrico de condução [que] é gerado ao longo do comprimento do canal iónico" e a reivindicação 2 pode introduzir uma característica subsidiária à reivindicação 1 que limita o campo eléctrico de condução a um "campo eléctrico estático".*

Desenhos: Se os desenhos estiverem incluídos na patente, podem aparecer no início ou no fim do documento, dependendo do país. Os desenhos indicarão normalmente as características essenciais da invenção, utilizando números de referência.

3. Dica 3: Leia o resumo

Dada a estrutura das patentes e ao examinar uma patente pela primeira vez, um bom ponto de partida é o resumo. Ao contrário dos artigos de revistas científicas que geralmente têm títulos bastante informativos, os títulos de patentes fornecem frequentemente poucas indicações sobre o conteúdo da patente. Por exemplo, a patente australiana número 633217 intitula-se "Oral Composition"...que é relativamente inútil. No entanto, o resumo é muito mais informativo e identifica a composição química geral da composição oral (cloreto de cetilpiridínio e um Na-(acyl de cadeia longa) aminoácido básico inferior éster alquílico ou sal do mesmo) e como tal composição pode ser útil (para promover a adsorção de cloreto de cetilpiridínio nas superfícies dentárias para exibir um efeito excelente na prevenção da placa dentária e da cárie dentária).

4. Dica 4: Vá directamente para os exemplos

É provável que os cientistas considerem a secção de exemplos mais útil quando tentam compreender as experiências realizadas e os resultados obtidos pelo titular da patente. Isto porque os exemplos são geralmente escritos por cientistas e normalmente detalham um método experimental específico e os resultados. Algumas patentes podem conter exemplos apenas com detalhes experimentais (isto é, sem resultados). No entanto, tais exemplos podem ser úteis para cientistas e estudantes, uma vez que podem prefigurar dados que podem ser publicados pelo titular da patente no futuro e fornecer orientação para a concepção de experiências relacionadas.

Além disso, indo directamente aos exemplos, pode contornar a descrição detalhada (a secção que os cientistas geralmente consideram mais aborrecida), que é normalmente redigida por consultores para assegurar que o âmbito total da patente é protegido e cumpre os requisitos legais. Por exemplo, na secção de exemplos da patente Oral Composition [12], são fornecidas as composições químicas exactas de duas formulações de pasta de dentes, uma formulação de elixir bucal e uma formulação de fio dental. Além disso, são relatados métodos e resultados relativos à adsorção de cloreto de cetilpiridínio às superfícies dentárias e à actividade bactericida do cloreto de cetilpiridínio. Por outro lado, a descrição detalhada contém longas listas de "grupos acyl" e "sais" apropriados que não foram necessariamente utilizados nas experiências realizadas pelo(s) detentor(es) da patente.

4.1. Uma nota para cientistas e estudantes interessados em composições orgânicas

As patentes que revelam composições orgânicas podem não conter uma secção de exemplo. Em vez disso, contêm normalmente desenhos de moléculas na secção de descrição detalhada. Estes desenhos detalham a estrutura das moléculas (ou seja, descrevem a estrutura química completa com todos os elementos identificados). Muitas vezes, isto é feito através da descrição de estruturas moleculares com grupos R cruzados com grupos funcionais químicos listados no texto de especificação (tal apresentação da molécula é chamada de estrutura Markush). As estruturas Markush permitem aos detentores de patentes proteger uma vasta gama de moléculas. No entanto, podem ser muito complexas e obscurecer a invenção para o leitor. Infelizmente, os autores não têm qualquer orientação para compreender as estruturas de Markush a não ser a de digitalizar cuidadosamente todos os possíveis substitutos das estruturas apresentadas. Para algumas bases de dados científicos (por exemplo, SciFinder Scholar), é possível pesquisar por estrutura química (ou estruturas químicas semelhantes) para localizar patentes que possam ser relevantes.

5. Dica 5: Leia as alegações

É importante ler as alegações. As reivindicações definem a invenção que é protegida por uma patente, e o titular da patente tem um monopólio legal sobre essa invenção, tal como reivindicado. As reivindicações são geralmente redigidas de modo a estender a invenção (e, consequentemente, o monopólio legal) aos seus limites mais amplos e, como tal, podem utilizar linguagem não cientificamente significativa para descrever as características da invenção. Assim, embora as reivindicações não revelem necessariamente muito cientificamente, é importante lê-las e tê-las em conta ao considerar a utilização da informação revelada numa patente emitida.

Como as patentes estão limitadas à jurisdição em que são concedidas, a mesma especificação de patente pode ter diferentes reivindicações em diferentes países. Se desejar utilizar uma patente concedida fora da sua jurisdição, recomendamos que verifique se existe uma patente correspondente na sua jurisdição e que verifique também se existem patentes subsequentes. Em caso de dúvida, recomendamos-lhe que consulte um advogado.

Embora muitos países tenham disposições legislativas para proteger os investigadores que utilizam invenções apenas para fins de investigação, as isenções à investigação não estão disponíveis em todos os países e podem não abranger a utilização que se pretende fazer da invenção. Os pormenores da isenção de investigação estão para além do âmbito deste artigo. Se pretende utilizar uma invenção contida numa patente concedida, recomendamos que consulte um advogado.

Os comentários desta secção também se aplicam aos pedidos de patentes. Uma vez concedido um pedido de patente, o titular da patente pode ser capaz de intentar uma acção por utilização anterior ilegal da invenção (mesmo que essa patente fosse apenas um pedido no momento da utilização ilegal).

6. Dica 6: Verificar as datas

A maioria das patentes tem uma duração de 20 anos desde a primeira versão da patente depositada pelo requerente. Algumas patentes farmacêuticas em alguns países podem ser válidas por períodos ainda mais longos. É importante procurar aconselhamento jurídico antes de utilizar a informação divulgada numa patente durante o período de vigência da patente.

7. Dica 7: As patentes não estão sujeitas a método científico e a revisão por pares *As patentes estão sujeitas a um processo de revisão por examinadores de patentes que avaliarão se um pedido de patente cumpre os requisitos legais para uma patente num determinado país. No entanto, é importante notar que os dados contidos nos pedidos de patentes e/ou patentes não estão sujeitos a revisão por pares e ao método científico. A validade dos dados científicos (se avaliados) não será geralmente tomada em consideração, a menos que seja contestada num procedimento de validade de patente. Assim, sugerimos que os dados reportados nas patentes devem ser considerados tendo este processo em mente.*

Globalmente, esperamos que esta introdução informal à leitura de patentes encoraje mais cientistas e estudantes a ler a literatura sobre patentes e a utilizar a investigação de ponta revelada em patentes e pedidos de patentes.

Declaração de interesse

Os autores não têm filiação ou envolvimento financeiro relevante com qualquer organização ou entidade que tenha um interesse financeiro ou conflito com o assunto ou materiais discutidos no manuscrito. Isto inclui emprego, consultoria, honorários, propriedade de acções ou opções, testemunho de peritos, concessões ou patentes recebidas ou pendentes, ou royalties. Os revisores deste manuscrito não têm relações financeiras ou outras a divulgar". (Kate E. Donald, 2018)

II-3 Importância das patentes

Para esta parte recomendo este texto do livro "Propriedade Intelectual em Química" de Nelson Duran Leandro Cameiro Fonseca e Amedea B. Seabra

"As patentes podem proteger um negócio existente ou um novo negócio. As empresas que possuem uma patente podem licenciá-la e cobrar royalties, e o proprietário excluirá qualquer tecnologia nova e emergente na vanguarda da ciência. Waller (2011) tem feito uma assunção interessante sobre os custos do desenvolvimento de medicamentos desde 1992. Em 2007, o valor de 2,8 mil milhões de dólares representa o fracasso do Exubera® da Pfizer®. Os números variam muito dependendo de quem está a fazer a análise. Os valores variam entre $521 milhões ou $868 milhões ou $2,2 mil milhões a $2,9 mil milhões (Millman, 2014). Em qualquer caso, Waller (2011) assumiu que o valor da Pfizer® era razoavelmente correcto. Esta empresa, como qualquer outra, deve ser protegida contra cópias pagas dos seus produtos, o que também representa um custo adicional. Lembre-se que a patente cobre 20 anos de protecção da exclusividade do produto, venda ou outra actividade. Em muitos casos, as patentes podem ser licenciadas para produzir um fluxo de receitas, o que geralmente representa um benefício significativo para a empresa. Mas se todos estes custos não forem recuperados, a empresa falhará após 20 anos de desenvolvimento. Assim, a propriedade intelectual (PI) é um mecanismo para controlar tanto os custos de colocar um produto bem sucedido no mercado como os custos de não colocar produtos mal sucedidos no mercado. As patentes são propriedade de grandes empresas, e o custo de manter a propriedade intelectual pode ser um dos elementos mais dispendiosos para muitos produtos. Para além da discussão acima referida sobre a importância da propriedade intelectual, as partes mais escuras são os custos destes procedimentos. Um bom exemplo foi discutido pela OMPI (2016): Um sistema chamado MPEG-2 (uma norma para codificação genérica de imagens em movimento e também ISO/IEC 13818 MPEG-2 na loja ISO. Também descreve uma combinação de métodos de compressão de dados vídeo e áudio, que permitem o armazenamento e transmissão de filmes utilizando meios de armazenamento e largura de banda de transmissão actualmente disponíveis) é uma norma técnica para vários produtos de consumo que lidam com a tecnologia de vídeo. A taxa de licença MPEG-2 por leitor de DVD é de 2,50 USD e os fabricantes de DVD concordaram em pagar para serem compatíveis com a norma MPEG-2. Em segundo lugar, o grupo de detentores de patentes licencia separadamente as suas patentes relacionadas com a tecnologia de DVD com uma taxa paga colectivamente de 8,50 USD. Como resultado, a taxa de licença IP para leitores de DVD atingiu o valor de USD 11,00. Assim, para um leitor de DVD, o valor final foi de 44,00 USD, ou cerca de um quarto do seu preço relacionado com a PI. Há um aspecto importante a considerar. Embora a empresa possa começar com as vantagens do mercado, é possível que um concorrente também tenha descoberto com sucesso o produto. Se se considerar que pelo menos um concorrente pode aprender a fabricar o produto de forma mais eficiente e barata do que o fabricante original, este seria um grande problema para o fabricante

original. Mas se pelo menos a primeira empresa no mercado detém direitos de propriedade intelectual significativos, poderá eventualmente ver as suas receitas diminuir à medida que concorrentes maiores e melhores entram no mercado. A este respeito, se a empresa puder explorar os seus direitos de PI, pode impedir completamente outros fabricantes de produzir o produto, mas a empresa pode também ter receitas de licenciamento que são uma fracção significativa dos seus próprios benefícios para a venda do produto (OMPI, 2007a,b)...

Existem duas categorias importantes em patentes, tais como elementos estruturais e não estruturais. A primeira é consistente em semântica e formatos de uma patente para outra. Os elementos desta categoria são o número da patente, a data do pedido, inventores, cessionários e dados prioritários. Entretanto, o não estruturado é o texto com conteúdo em diferentes estilos e aspectos importantes, tais como descrições e reivindicações.

A secção de descrição (ou especificação) inclui detalhes de pedidos de patentes anteriores e o estado da técnica, tais como uma revisão da literatura científica e um resumo seguido de um histórico detalhado da invenção reivindicada. Esta secção incluirá geralmente exemplos que poderão ser exemplos concretos ou exemplos em papel. A secção de reivindicações deste tipo de documento é normalmente considerada a parte mais importante do documento, uma vez que nos diz o que o requerente está de facto a reivindicar como uma invenção. A informação reivindicada num pedido de patente deve ser substanciada pela descrição. Os investigadores concordam que a patente fornece uma fonte de informação que a empresa pode utilizar para obter uma vantagem competitiva (Shih et al., 2010). As empresas podem utilizar toda esta informação para monitorizar os desenvolvimentos tecnológicos; identificar novas tendências na indústria concorrente; identificar novos concorrentes através das suas actividades e planos em actividades de investigação e desenvolvimento, potenciais parceiros de joint venture e encontrar oportunidades de licenciamento de produtos; e finalmente, identificar potenciais competências e colaboradores (Kehoe e Xiao, 2001). Para além de todos estes aspectos, a informação sobre patentes é extremamente importante para melhorar a qualidade das novas patentes, conhecer a situação real do ambiente empresarial e identificar tecnologias alternativas (Barroso et al., 2009; Oubrich e Barzi, 2014). Nas actividades de investigação e engenharia, a utilização de documentos de patentes pode ter os seguintes significados: evitar a dispendiosa duplicação do trabalho de investigação, realizar investigação a partir de um nível superior ou novo de conhecimento, enfrentar um novo problema através de estratégias antigas para gerar novas ideias, reconhecer a extensão da protecção de patentes relacionada com um determinado campo tecnológico e conhecer as tendências técnicas e comerciais em qualquer país de interesse ou em certos campos tecnológicos (Jansson, 2017)".

Capítulo V
Economia na química para as empresas

Os químicos estão no coração do crescimento económico de um país, uma vez que contribuem para ele em grande escala. É por isso importante para eles dominar as ciências económicas, o sentido do mercado, a leitura das necessidades da sociedade, especialmente se quiserem tirar partido da sua força. O presente capítulo tenta explicar-lhes o aspecto económico e o impacto que têm à escala global.

1. Noções de economia

I-1 Terminologia e conceitos

A palavra economia tem a sua origem na palavra grega, *oikonomos*, cuja decomposição nos permite obter as palavras *oikos* que significa casa e *nomos*, que significa gerir, administrar. Etimologicamente, a economia é a arte de administrar uma casa, de gerir os bens de uma pessoa, depois por extensão de um país.

É de notar que não existe consenso sobre a definição da economia. Isto implica que não existe apenas uma definição de economia, mas várias, que geralmente variam de acordo com os autores e as escolas de pensamento.

Falar de economia para a pessoa média é "poupar dinheiro", "poupar energia", "poupar dinheiro", caso contrário é gastar o mínimo possível de energia ou dinheiro para alcançar um resultado desejado.

Por exemplo, um químico que queira poupar dinheiro em reagentes prestará atenção ao quanto utiliza, e utilizá-los-á com parcimónia. O mesmo se aplica a um empregado que quer poupar dinheiro, ele terá cuidado com o que gasta. Assim, só comprará o que achar essencial, e ao preço mais baixo possível, por outras palavras, fixará um objectivo, que é satisfazer esta ou aquela necessidade, gastando o mínimo possível.

- **O que é a economia e qual é o seu objectivo?**

A economia é a disciplina que visa compreender e analisar as relações entre fenómenos económicos tais como desemprego, inflação, taxa de juro, taxa de câmbio, emprego, produtividade, investimento. Mais especificamente, a economia estuda a forma como os recursos de um país são utilizados para satisfazer as necessidades dos seus cidadãos. Preocupa-se, portanto, com as operações de produção, distribuição e consumo de bens e serviços.

Como Adam Smith afirma no seu trabalho **Research into the Nature and Causes of the Wealth of Nations,** publicado em 1776, "*A economia é a ciência de produzir, consumir e trocar bens e serviços escassos*".

Assim, fazer economia é primeiro encontrar métodos para assegurar que qualquer despesa (de energia ou dinheiro) é mínima para alcançar o máximo de resultados. O objectivo do seu estudo é, portanto, estabelecer o equilíbrio entre necessidades e recursos, bem como entre produção e consumo.

Isto é consistente com a definição da economia como a ciência de alcançar um objectivo com o menor esforço e a maior satisfação.

Pode também dizer-se que o objecto da ciência económica é o conhecimento dos fenómenos económicos, conduzido de acordo com o método experimental.

A economia pelo seu objecto assemelha-se em alguns aspectos às ciências naturais; uma vez que estuda fenómenos materiais, a criação e utilização de bens necessários para a satisfação das necessidades humanas, é também semelhante a uma ciência humana que não se pode preocupar com os seus próprios frutos.

A economia é um estudo de valor uma vez que visa determinar e prever a interacção dos fenómenos económicos para a melhoria das condições de vida.

O objecto da ciência económica é definitivamente o estudo das **necessidades** humanas.

- **Elementos fundadores da ciência económica**

O objectivo é estudar o objecto e os métodos da ciência económica. É de notar que por objecto, entendemos o campo da investigação e aplicação de uma disciplina.

De acordo com Samuelson Paul "*A economia é o estudo de como as sociedades utilizam **recursos escassos** para **produzir bens** de valor e **distribuí-los entre uma multidão de indivíduos***".

- ***"Recursos escassos"***: significa que estamos num contexto de não abundância de recursos necessários. Isto corresponde ao elemento de **necessidade**

- ***"Produzir bens":*** aqui podemos perguntar a nós próprios o que produzir? Como produzir? E para quem produzir? o que corresponde ao elemento do **bem (bem de produção)**
- ***"Distribuir entre uma multidão de indivíduos***": refere-se à distribuição da riqueza criada por toda a população. Isto refere-se ao elemento de **serviço (bens de consumo e serviços)**

Do acima exposto, os elementos básicos da economia podem ser resumidos em três pontos, nomeadamente**: necessidades, bens** e **serviços**.

As necessidades

Segundo o dicionário Larousse, uma necessidade é uma exigência que surge de um sentimento de falta, de privação de algo que é necessário para a vida orgânica. É um sentimento de insatisfação que só pode ser eficaz ao preço de um esforço.

Podemos portanto dizer que as necessidades são a razão das actividades económicas, uma vez que as pessoas produzem para satisfazer as suas necessidades. Estas necessidades são de natureza diferente e evoluem sob a influência de vários factores. Trata-se, portanto, de uma noção relativa que varia:

- Ao longo do tempo: aqui notamos a revolução nas atitudes, inovação tecnológica e fenómenos de moda

- No espaço, ou seja, de acordo com as crenças, categorias socioprofissionais, local de residência

Necessidades económicas

As necessidades económicas correspondem a uma privação ou a um sentimento de falta que leva ao desejo de algo que existe. Exprimem a necessidade de consumir resultante de um desejo, de um sentimento de privação. Tornam necessária a intervenção humana. O economista distingue entre necessidades primárias, que descreve como vitais (alimentação, abrigo) e secundárias, que correspondem às necessidades da civilização (cultura, conforto, moda).

Características das necessidades económicas

As necessidades são ilimitadas e diversificadas, pois nascem todos os dias e as suas expressões diversificam-se.

As necessidades são insaciáveis: pois não podem ser completamente satisfeitas de uma só vez. A mesma necessidade reaparece após cada tentativa de a satisfazer. A isto chama-se **saciabilidade**.

As necessidades são relativas, pois variam de um lugar para outro, de um tempo para outro, de um indivíduo para outro. É por isso que a noção de evolução no tempo e no espaço é tida em conta quando se fala de necessidades económicas.

As necessidades são subjectivas e dependem dos gostos de cada consumidor (é um fim pessoal).

As necessidades são também interdependentes.

Classificação das necessidades

As necessidades básicas: também conhecidas como necessidades vitais, são relativamente poucas e a sua não satisfação pode levar à morte. *Exemplo*: para viver, ou mais simplesmente para sobreviver, um ser humano deve satisfazer certas necessidades, nomeadamente a necessidade de oxigénio, água, comida, vestuário e abrigo. Uma vez que estas são as necessidades que lhe permitem sobreviver e determinam as possibilidades de crescimento, são chamadas necessidades vitais.

Necessidades primárias: Estas necessidades diferem das anteriores na medida em que a sua satisfação não tem o mesmo carácter de urgência, neste caso de urgência vital. A sua satisfação não é necessariamente urgente, mas é importante ou melhor desejada pelas pessoas em causa. Como exemplo podemos citar: a necessidade de educação, porque a ausência de educação não impede a sobrevivência, mas continua a ser uma das necessidades cuja necessidade não é contestável logo que a garantia de sobrevivência de uma pessoa é adquirida.

Necessidades secundárias: também conhecidas como necessidades materiais, a sua satisfação melhora a qualidade dos bens básicos ou primários que são essenciais para os seres humanos. Estas são necessidades cuja satisfação não é vital. Incluem a necessidade de mobilidade, melhor mobilidade, melhor alimentação, e de conhecer pessoas.

Necessidades societais: também chamadas necessidades terciárias, são necessidades que estão relacionadas com a vida em sociedade, dito simplesmente é a interacção entre indivíduos. Exemplo: 1 A necessidade de fazer parte de um grupo de amigos, de comunicar, de receber amor e afecto

Necessidades individuais: são necessidades que o consumidor individual pode satisfazer a si próprio, de acordo com os seus recursos, através da aquisição dos bens e serviços associados. Exemplo: comer num grande restaurante a expensas próprias.

Necessidades colectivas: São necessidades expressas por um grupo de indivíduos e que são satisfeitas quer pelo Estado quer por um colectivo. Exemplo: serviços colectivos como a educação, a polícia, os cuidados de saúde.

A pirâmide MASLOW tenta classificar as necessidades da seguinte forma:

Em termos de necessidades, existem algumas regras a observar:

Uma necessidade maior só é satisfeita quando as necessidades menores já estão satisfeitas (obtenção do bem), falamos de uma hierarquia de necessidades.

As necessidades a satisfazer constituem a base da motivação (valorizada por um bem).

É importante ter em conta as necessidades individuais.

Bens e serviços

As mercadorias são os meios para satisfazer as necessidades, portanto, sem meios (mercadorias) é impossível satisfazer as necessidades.

Existem dois tipos de mercadorias:

- ***Bens naturais ou bens gratuitos***: estes são os produtos da natureza. Não são o resultado da actividade humana, tais como água, ar, luz solar. Estes bens são teoricamente ilimitados em quantidade.

- ***Bens não naturais ou bens económicos***: este segundo caso, comparado com o primeiro, é o resultado da actividade humana. Estes bens são transformados ao longo do processo produtivo, por exemplo um par de sapatos, um computador...etc. Têm a particularidade de serem de uma grande variedade (ou seja, existem em várias variedades).

Bens económicos.

Os **bens económicos** são coisas produzidas pela intervenção humana. subdividem-se em bens de consumo, duráveis ou não duráveis, e bens de produção cuja utilidade corresponde à obtenção de bens de consumo numa data posterior.

Para ser considerado económico, um bem deve preencher várias condições:

- Para satisfazer ou satisfazer uma necessidade (qualquer que seja a natureza da necessidade e sem qualquer juízo moral).
- Apresentar propriedades identificadas pelo consumidor como sendo capazes de satisfazer as suas necessidades.
- Estar disponível.
- Ser escasso (por exemplo, água potável).

Categorias de bens económicos

Os bens económicos enquadram-se em duas categorias principais, a saber

Os bens materiais, como o seu nome sugere, são produtos físicos.

Três tipos podem ser distinguidos a este nível:

- **Bens de produção**, que são utilizados para produzir outros bens e serviços. Exemplo: uma chave inglesa, uma máquina de costura. Estes são geralmente bens de equipamento (máquinas)
- **Bens de consumo** que são o resultado das acções do bem de produção. em alguns, por exemplo: um computador, uma lâmpada
- **Bens intermédios** que são os produtos em bruto utilizados pela empresa e cuja transformação e combinação com outros produtos dará origem a um bem de produção ou a um bem de consumo.

Os bens materiais podem ser :

o ***Durável***. São assim chamados porque são utilizados várias vezes e têm uma longa duração, por exemplo, máquinas de lavar louça, móveis, um martelo...

o ***Semi-duradouros.*** São da mesma natureza que os anteriores, excepto que têm um tempo de vida médio. Exemplo, um par de meias, um par de calças, um biro.

o ***Não durável***. Uma vez que são destruídos na primeira utilização. Exemplos são um fósforo, um dedo de banana, um iogurte.

Os bens intangíveis são **serviços**. São produtos que não são materializados por um bem material. Isto traz à mente actividades como a de um médico, um cabeleireiro, um formador, uma vez que não têm nada de material. São serviços, aos quais chamamos serviços. Têm a particularidade de serem imateriais e responderem a outras necessidades que não sejam bens.

Deve notar-se que estes serviços podem ser comerciais, ou seja, pagos, tais como um corte de cabelo ou formação no fabrico de lixívia, ou não comerciais, tais como a segurança. Deve notar-se que os serviços podem ser classificados de várias formas. Assim, estes podem ser classificados da seguinte forma:

- Serviços incluídos no consumo final, tais como o aluguer de um bilhete de concerto.
- Serviços que fazem parte do consumo intermédio, tais como a manutenção de elevadores de hotel ou a manutenção de redes informáticas.

Do acima exposto, podemos também acrescentar:

Bens individuais: que são bens de uso exclusivo financiados pelo beneficiário. Exemplo: uma sanduíche.

Bens colectivos: que têm a propriedade de que uma ou mais das suas características podem ser consumidas simultaneamente por pelo menos dois indivíduos. O facto de um indivíduo beneficiar do mesmo não priva os outros. Exemplo: um concerto, um raio de sol

1.2 agentes económicos

Um **agente económico** é em economia, tal como definido no dicionário *Wikipedia,* uma pessoa singular ou um grupo de pessoas singulares (pessoas colectivas) que tem uma função económica (consumo, produção, distribuição). Pode ser um homem ou uma empresa.

Função económica dos agentes

A principal função dos agentes económicos é produzir e/ou consumir bens e serviços classificados como mercantis e não mercantis. A diferença entre estas duas categorias reside no valor económico que lhes é atribuído. Para este fim, um bem ou serviço de mercado é remunerado. Por outro lado, um bem ou serviço não-mercantil não é pago por um cliente, por vezes muito pouco. A última categoria diz respeito aos serviços estatais, tais como a educação ou os chamados bens públicos (bancos públicos, candeeiros de rua). É importante notar que os bens ou serviços não mercantis que não são pagos não são gratuitos. Uma vez que o sistema de redistribuição de impostos permite que sejam criados e consumidos sem que sejam pagos no momento da sua utilização.

Deve também notar-se que as funções económicas dos agentes são desempenhadas de forma independente, sem a necessidade de se referirem a outros. Como consequência, cada contribuição económica tem uma influência sobre os outros agentes e alimenta o circuito económico.

Classificação dos agentes económicos

Em economia, os agentes económicos são agrupados de acordo com :

- A sua função de produção,
- A sua função de consumo
- A sua função de distribuição.

Note-se que esta representação deriva da que foi adoptada pela teoria neo-clássica (utilização de conceitos matemáticos e puramente científicos para explicar a economia). É por isso que os economistas concordam por vezes na existência de duas categorias de agentes: consumidores e produtores.

Assim, o consumidor oferece a sua força de trabalho e consome com os rendimentos deste trabalho. O produtor, por outro lado, utiliza o rendimento deste último para vender os seus produtos ou serviços. Os agentes económicos são agrupados de acordo com a sua função em seis sectores institucionais, nomeadamente:

- **Famílias individuais ou colectivas** cuja função económica é o consumo;
- **Empresas financeiras** cuja função económica consiste em cobrar impostos às empresas e às famílias e conceder crédito (bancos);
- **Empresas** (sociedades não financeiras) cuja função económica consiste em produzir bens e serviços de mercado;
- **Administrações públicas** cuja função económica consiste em prestar serviços não mercantis;
- **O exterior ou "resto do mundo"** cuja função principal é a importação e exportação de bens e serviços.

Os agentes económicos são, portanto, constituídos por empresas (unidades de produção), famílias (unidades de consumo), instituições financeiras (unidades de financiamento), administrações (unidades não produtivas) e o mundo exterior (unidades de importação/exportação).

Aqui está um diagrama de um circuito económico simples:

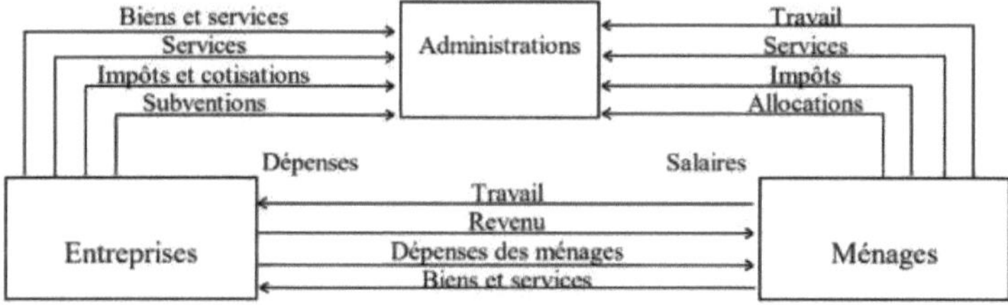

O maior problema que uma sociedade tem de resolver é a procura da satisfação das necessidades económicas através da produção de bens e serviços pelas empresas. Note-se que esta produção é financiada, para além da parte reservada ao auto-financiamento, por instituições financeiras graças à poupança dos agentes económicos (famílias, empresas, etc.). É importante notar que as poupanças são inúteis se não forem injectadas em investimentos, uma vez que estes últimos devem ser utilizados em acções produtivas. Uma das funções das instituições financeiras é recolher poupanças e facilitar e encorajar o seu investimento.

1.3 agregados/agregados das contas nacionais

Os agregados são indicadores sintéticos que caracterizam a actividade económica de um país durante um determinado período. Existem dois (2) agregados principais: a produção e o rendimento nacional.

o Produção

A produção é uma actividade económica socialmente organizada que explora os recursos de mão-de-obra e capital, chamados factores de **produção** (mão-de-obra, maquinaria, etc.), a fim de produzir bens ou serviços de consumo intermédio, ou seja, bens ou serviços adquiridos a outras empresas e depois processados. Assim, a produção inclui todos os bens e serviços destinados à venda.

Produto Interno Bruto (PIB).

O Produto Interno Bruto (PIB) é um indicador económico que mede a produção de riqueza de um país. É utilizado para medir o valor de todos os bens e serviços produzidos num país ao longo de um ano.

Se falamos de produto interno bruto, é porque estamos a contar a produção de todas as empresas estabelecidas no país, sejam elas camaronesas ou estrangeiras.

Em resumo:

O **PIB** dos Camarões = Produção de empresas nacionais nos Camarões + Produção de empresas estrangeiras nos Camarões.

Note-se que este produto interno bruto é constituído por um produto interno bruto de mercado, que inclui bens e serviços comercializados, e um produto interno bruto não comercializado, que inclui serviços prestados por administrações públicas e privadas a título gratuito ou quase gratuito.

Produção Nacional (NP).

De acordo com o dicionário Larousse, a produção nacional (NP) corresponde à totalidade dos bens e serviços produzidos durante um ano pela economia nacional, com excepção dos serviços prestados pelo Estado.

Para o dizer de forma clara:

NP = Produção de empresas nacionais + Produção por camaroneses no estrangeiro

Produto Nacional Bruto (PNB).

O produto nacional bruto (PNB), tal como o produto interno bruto (PIB), é um indicador económico que corresponde à riqueza produzida durante um ano por todos os residentes e nacionais de um país. Na realidade, é uma medida da riqueza produzida por um país.

Para melhor compreender

PNB = **PIB** + (Rendimentos recebidos nos Camarões - Rendimentos enviados para o estrangeiro por estrangeiros) + Salários dos funcionários públicos.

Diferença entre o PIB e o PNB

O produto interno bruto (PIB) mede a riqueza produzida por todos os operadores e pessoas residentes num determinado território, enquanto que o PNB é calculado de acordo com os nacionais de um país, independentemente do seu local de residência. Assim, a riqueza produzida por uma empresa francesa estabelecida nos Camarões e que emprega estrangeiros é tida em conta para o cálculo do PIB dos Camarões, e não para o seu PNB. Pelo contrário, uma empresa camaronesa estabelecida na China e empregando nacionais camaroneses criará riqueza que será contabilizada no cálculo do PNB dos Camarões.

o Rendimento nacional

É o valor da produção anual de bens e serviços de um país. Por outras palavras, é o agregado que mede o rendimento total recebido pelos agentes económicos durante um ano. Note-se que a produção pode ser representada por todos os fluxos que entram nas empresas, com excepção dos empréstimos ou levantamentos de instituições financeiras.

Como funciona o rendimento de uma empresa

Os rendimentos de uma empresa podem ser divididos em 3 partes:

Uma primeira parte que serve simplesmente para reconstituir o capital utilizado nas operações de produção é chamada depreciação.

A segunda parte é utilizada para o pagamento de impostos e contribuições.

E finalmente, a última parte que as famílias recebem como rendimento, que deve ser considerada a mais importante, é paga como salário para os trabalhadores. Interesses e lucros para os capitalistas. Mas estes rendimentos de factores não são os únicos que são recebidos pelos agregados familiares. Além disso, existem os salários e benefícios pagos pelas autoridades públicas, bem como os salários pagos pelas instituições financeiras ao seu pessoal.

Método de cálculo do rendimento nacional.

O rendimento nacional, tal como definido acima, é o rendimento total recebido pelos agentes económicos durante o ano. Este agregado económico pode ser calculado de duas (2) formas: ***Método directo de cálculo:***

Baseia-se na soma dos diferentes factores rendimentos (produção...), salários e benefícios e rendimentos não-distribuídos das empresas.

NI = Rendimento dos trabalhadores + Rendimento do capital (juros e lucro) + Rendimento não distribuído pelas empresas + Salários dos funcionários públicos.

Método de cálculo indirecto :

Baseia-se na produção nacional, da qual se retira a depreciação e os impostos indirectos pagos pelas empresas sobre a sua produção. A este montante acrescentamos os salários pagos aos funcionários públicos.

Rendimento disponível

O rendimento disponível é o rendimento obtido após a redistribuição, que tem em conta o rendimento inicial, aumentado pelas prestações sociais revistas e diminuído pelos impostos pagos. É simplesmente a quantidade de dinheiro destinada ao consumo.

É calculado da seguinte forma.

Rendimento disponível "R.D. = rendimento do agregado familiar "RM - (impostos + contribuições para a segurança social)

Note-se que este rendimento é de grande importância porque o montante das despesas que as famílias podem fazer, ou o montante da poupança que podem fazer, depende disso. É este rendimento que mede o poder de compra dos habitantes de um país.

Os limites dos agregados económicos :

Os agregados económicos como o PIB e o PNB não têm em conta certas actividades económicas. Por outras palavras, os mercados não oficiais não são medidos, incluindo a economia subterrânea, onde apenas as quantidades vendidas são tidas em conta na produção. Oferecem apenas uma visão incompleta do nível de vida de uma determinada população. Além disso, estes dois agregados apenas medem o valor da produção a preços de mercado. Isto pressupõe a existência de transacções não mensuráveis, uma vez que são realizadas fora do mercado oficial.
Os fluxos de dinheiro não são conhecidos com a mesma precisão

1.4 **Factores de produção**

Os factores de produção são os recursos, materiais ou não, utilizados no processo de produção de bens e serviços.
Para Adam Smith, os principais factores de produção são o capital e o trabalho.

O factor capital pode ser decomposto em vários sub-elementos, nomeadamente

O capital ***físico*** aumenta com o investimento, por exemplo, imobiliário, equipamento de produção, bens duradouros, etc. A desvantagem deste capital é que ele diminui sem investimento.
O capital humano refere-se ao conhecimento acumulado pelos seres humanos que pode ser mobilizado para o trabalho. Exemplo: aprendizagens, formação em engenharia, experiência, etc.
O capital imaterial, que se refere aos activos de propriedade intelectual (patentes, marcas registadas, know-how, etc.), é o tipo de capital mais importante. É de notar que este tipo de capital é cada vez mais um dos fundamentos da economia dos chamados países desenvolvidos.
Para além do que é mencionado como capital, podem ser acrescentados ***capital social*** e ***capital cultural***. São reconhecidos como variáveis explicativas do desenvolvimento e da produtividade não resultantes dos outros factores.
Outro factor, não menos reconhecido como um membro do capital, é o **factor "terra e subsolo".** Como tal, é considerado ou como uma componente de um factor natural maior, que inclui os recursos naturais incluindo a biodiversidade, ou como a componente de terra do capital (propriedade da terra).
Grosso modo, os quatro principais factores de produção são: trabalho físico, capital natural (terra), capital físico, capital intangível (saber-fazer, organização, bens intangíveis se forem contabilizados, empreendedorismo, trabalho intangível, conhecimento).
É também importante salientar que os investimentos aumentam o volume dos factores de produção. A formação pode ser reconhecida como uma espécie de investimento a este respeito, uma vez que aumenta as capacidades do trabalhador até um certo ponto.

1.5 **Dinheiro, função e formas.**

> **O que é o dinheiro?**

De acordo com o dicionário Wikipedia, "***O dinheiro*** *é o instrumento de pagamento em vigor num determinado lugar e tempo:*

1) por causa da lei: falamos de um curso jurídico;

2) *por costume: os agentes económicos aceitam-no em pagamento de uma compra, de um serviço ou de uma dívida.*

> **As funções do dinheiro**

o ***O dinheiro é um instrumento para medir valores***

Como se compara o valor de um par de sapatos ou de um relógio?

Na realidade, isto só é possível graças ao dinheiro, uma vez que é a única unidade que permite fazer esta comparação facilmente, e assim cada bem ou serviço recebe um preço, expresso numa unidade monetária, que permite comparar diferentes produtos.

o ***O dinheiro é um instrumento de troca***

Facilita o comércio. De facto, a economia moderna caracteriza-se por uma divisão do trabalho e da produção em massa, que constituem uma quantidade crescente de transacções. O dinheiro permite, portanto, a multiplicação das trocas. É de notar que a utilização de uma moeda como instrumento de troca depende da sua aceitação universal.

o ***O dinheiro é um instrumento de reserva***

O dinheiro funciona como uma reserva, na medida em que o titular pode escolher quando o utilizar. Ele pode decidir gastá-lo assim que o receber, ou pelo contrário, guardá-lo para mais tarde. É assim que o dinheiro permite poupar, uma vez que permite ao aforrador confiá-lo a outra pessoa que o irá utilizar para investir e aumentar a produção.

> **As formas de dinheiro**

o ***A moeda***

É o conjunto de notas emitidas pelo banco central. O termo fiduciário deriva da palavra latina "*fides*" que significa confiança porque se baseia na confiança que os cidadãos depositam na autoridade pública que a garante.

o ***Dinheiro sem dinheiro***

Do latim "*scriptus*", que significa escrito. Esta forma de dinheiro refere-se a dinheiro em cheque, que se baseia num conjunto de escritos. De facto, cada cheque entregue em pagamento pelo titular de uma conta bancária ou postal, assim que é autenticado pela assinatura do seu titular, é debitado na conta bancária ou postal de cheque (CCP).

o ***Dinheiro da divisão***

É o conjunto de moedas metálicas comuns que são feitas de ligas de alumínio, cobre ou níquel. Note-se que quando falamos de moeda metálica, referimo-nos a moedas de ouro ou prata e não a moedas divisionais, cujo custo de fabrico é geralmente muito inferior ao seu valor monetário.

o ***Dinheiro electrónico, ou dinheiro digital***

É uma moeda armazenada em memórias electrónicas independentemente de uma conta bancária. Exemplo: Bitcoin.

> **O dinheiro e os problemas da inflação**

A inflação é um aumento geral e duradouro do preço dos bens. Existem várias formas de inflação:

Inflação desenfreada quando o aumento dos preços dos produtos varia de 3% a 5% por ano.

Inflação desenfreada quando o aumento dos preços dos produtos é superior a 5% por ano.

A inflação é definida como um aumento dos preços dos produtos de cerca de 1% ou menos de 3%.

Hiperinflação: este é um aumento geral e sustentado dos preços dos produtos todos os dias. ***Inflação importada:*** isto é inflação devido ao aumento do preço dos produtos do comércio externo. Por exemplo, o aumento do preço do petróleo ou de certas matérias primas.

> **Como medir a inflação**

$$\textit{Taux d'inflation} = \left(\frac{\textit{Indice des prix au temps 2} - \textit{Indice des prix au temps 1}}{\textit{Indice des prix au temps 1}} \right) \times 100$$

> **As consequências da inflação**

Existem vários deles, nomeadamente

o ***Consequências sociais***

A consequência é que a inflação resulta numa diminuição do poder de compra de certas categorias sociais. Por conseguinte, prejudicará os funcionários públicos, reformados, etc. Por outro lado, favorecerá os comerciantes, mais as profissões liberais e os trabalhadores de certos sectores económicos (companhias petrolíferas estrangeiras, hidrocarbonetos, etc.).

o ***Consequências económicas.***

Quando há inflação, os agregados familiares poupam menos. Há uma diminuição nas exportações devido aos preços, o que afecta a capacidade do Estado de ganhar divisas. Haverá um aumento das importações, uma vez que são mais baratas de comprar, o que encoraja os agentes económicos a consumir produtos locais. A consequência directa deste tipo de acção é que as empresas nacionais perdem a sua clientela para as empresas estrangeiras.

Também tem havido uma desvalorização da moeda nacional. Assim como a diminuição dos investimentos produtivos em favor de investimentos especulativos.

> **As causas da inflação.**

Como causa da inflação, podemos mencionar :

o **Inflação por procura:** que é a inflação causada quando a procura excede a oferta. Este fenómeno envolve o aumento do PIB e a diminuição do desemprego. Em termos monetários, a inflação do lado da procura é sintomática de um excesso de dinheiro em circulação sobre o número de bens à venda. Deve dizer-se que este tipo de inflação só deve ocorrer quando a economia já se encontra numa situação de pleno emprego.

o A **inflação dos custos-push** é o oposto da inflação da procura-pull. É o nome que corresponde à inflação causada pelo aumento dos custos de produção. Aqui há um aumento do custo da mão-de-obra (salários) ou do custo das matérias primas.

o A **inflação estrutural** é a inflação resultante de mudanças na estrutura da procura e da oferta. Sob a influência de mudanças na estrutura da procura e da oferta, algumas indústrias irão experimentar um aumento na procura dos seus produtos, enquanto que no caso de outras, esta procura irá diminuir. Se os preços e salários nas indústrias que reduzem a produção forem inflexíveis face a esta redução, enquanto que os preços e salários nas indústrias que aumentam a produção aumentam, então o nível global de preços e salários na economia aumentará. Este fenómeno irá intensificar-se quando o lado da oferta for inflexível e não se puder adaptar imediatamente às mudanças em curso.

> **A política monetária como solução para a inflação**

A política monetária consiste em fornecer a liquidez necessária para que a economia funcione e cresça, assegurando ao mesmo tempo a estabilidade monetária. O seu objectivo é, portanto, ajustar a oferta monetária às necessidades da economia.

As técnicas utilizadas para o controlo da oferta monetária pelas autoridades monetárias são mais frequentemente asseguradas por meio das técnicas que :

o ***Os limites do redesconto***

O redesconto, tal como definido no dicionário Wikipedia, é uma operação em que um banco central fornece a um banco comercial o valor de uma segurança que ainda não amadureceu. O banco central compra a segurança de volta, e através desta operação de compra paga ao banco comercial, que lhe fornece o dinheiro. Esta operação *é a fonte essencial* de liquidez central para os bancos comerciais. Quanto mais o recurso ao redesconto for limitado, menos dinheiro será emitido. É por isso que esta técnica é amplamente utilizada, impondo tectos de redesconto a cada banco de acordo com a quantidade de dinheiro escritural que gere.

o ***Subscrição de bilhetes do tesouro***

Com esta acção, o Estado obriga os bancos comerciais a comprar bilhetes do tesouro para os forçar a poupar uma parte do seu dinheiro em vez de o emprestar às empresas. Estas poupanças são utilizadas pelo tesouro para as necessidades do Estado. É preciso lembrar que os bilhetes do tesouro não são resgatáveis a menos que a quantidade de dinheiro escritural nos bancos diminua.

o ***Reservas bancárias.***

Aqui, o governo exige que os bancos comerciais mantenham uma certa proporção de dinheiro escritural (cheque) na sua caixa registadora, sob a forma de moeda central. Este dinheiro não pode ser emprestado nem utilizado para conversões de cheques em dinheiro.

o ***Reservas obrigatórias.***

Este método consiste em utilizar a liquidez (excedente) dos bancos como reserva obrigatória no próprio banco central que a gere.

o ***O tratamento da taxa de desconto.***

Esta técnica funciona em dois casos, a saber, inflação e deflação

Quando a inflação ocorrer, o banco central aumentará a taxa de desconto para desencorajar os bancos comerciais de utilizar a criação de dinheiro. Este último, por sua vez, aumentará a taxa de desconto para desencorajar as empresas de se candidatarem ao crédito.

No entanto, quando há deflação, o banco central procederá, em vez disso, a baixar a taxa de desconto para encorajar os bancos a injectar dinheiro no mercado.

I.6 Crescimento monetário

O crescimento económico ocorre quando há um aumento sustentado, durante um longo período de tempo, na produção de bens e serviços num país. Mede-se pela taxa de crescimento de um agregado que durante algumas décadas tem sido o produto interno bruto (PIB). Em suma, é o aumento sustentado da produção global de uma economia.

> **Quais são os factores de crescimento económico?**

Estes são factores que podem influenciar o grau de crescimento económico. Assim, o crescimento económico será estimulado por :

1) O aumento da utilização do factor trabalho, aqui notamos um aumento da população activa, um aumento da taxa de emprego e um aumento da duração do tempo de trabalho.
2) O crescimento do capital técnico e a sua melhoria.
3) Progresso técnico e inovações em todas as suas formas (melhor organização do trabalho, melhor gestão e gestão das empresas, gestão racional dos recursos humanos e financeiros, etc.).

> **Cálculo do crescimento económico: PIB anual**

Para calcular ou medir melhor o crescimento económico, o produto interno bruto (PIB) é utilizado como indicador da produção, sabendo que é a soma de todos os valores adicionados, IVA e direitos aduaneiros. O crescimento corresponde, portanto, à taxa de crescimento do PIB tal como expresso através desta fórmula:

$$\textit{Le taux de croissance} = \left(\frac{\textit{Valeur du PIB au temps } t_2 - \textit{Valeur du PIB au temps } t_1}{\textit{Valeur du PIB au temps } t_1} \right) \times 100$$

Exemplo: O PIB de um país é estimado em 2017 em 10.000.000.000 dólares. O PIB estimado em 2019 é de $10.260.000.000. Calcular a taxa de crescimento económico.

r. ..

Solução: taxa de crescimento = $= \frac{10\,260\,000\,000 - 10\,000\,000\,000}{10\,000\,000\,000} \times 100 = 2{,}6\ \%$

- **Os objectivos do crescimento económico**

Podem ser agrupados em dois pontos, como se segue:

o ***Objectivos políticos e sociais***

Que se baseia em :

- A satisfação de necessidades consideradas indispensáveis pela autoridade encarregada dos assuntos económicos.
- A recuperação da independência política da hegemonia externa.
- Reforçar a liberdade nacional e a tomada de decisões.
- Acções destinadas a escapar à política de dominação e de alienação política e cultural dos países desenvolvidos.

o ***Objectivos económicos***

Que correspondem ao

- Reforço da independência económica.
- Progresso e desenvolvimento económico da população.

- **.7 Outros conceitos**

> **O valor**

Com base no trabalho de Smith, a economia distingue entre **valor de troca** e **valor de utilização**. Assim, o valor de troca é "*a taxa à qual uma mercadoria é trocada por outra mercadoria ? corresponde ao sinónimo de preço relativo...*" enquanto que o valor de uso é "*a utilidade de um bem avaliado quer objectiva e geralmente (o pão fornece um certo número de calorias), quer subjectivamente e, portanto, varia de um indivíduo para outro. O valor de uso é relativo à necessidade, o valor de troca é relativo a outro bem.* (Echaudemaison, 1989, p. 456)

> **O mercado**

o O que é um mercado?

De facto, o mercado é o ambiente no qual a empresa será avaliada e no qual a oferta e a procura de um bem ou serviço se encontram, ou seja, principalmente os clientes potenciais e a concorrência.

Note-se que um mercado pode ser nacional, regional, sazonal, concentrado, difuso, cativo, firme, móvel... Cada característica do mercado implica restrições específicas e chaves de sucesso que é importante identificar.

> **Oferta e procura**

Em termos económicos, a noção de fornecimento refere-se à quantidade de produtos ou serviços disponíveis, que estão prontos para serem vendidos. Note-se que esta noção é inseparável da procura, que se refere à quantidade de produtos ou serviços que os consumidores estão dispostos a comprar. Assim, pode ser resumida da seguinte forma **Oferta:** esta é a quantidade de um bem que os vendedores estão preparados para vender a um determinado preço.

Procura: é a quantidade de um bem que será comprado a determinados preços durante um determinado período de tempo. **Sistema de mercado / mecanismo de preços:** é a determinação automática de preços e atribuição de recursos através do funcionamento dos mercados na economia.

O preço é a quantidade de dinheiro que os bens são trocados numa transacção.

> **Macroeconomia**

A parte da economia que visa estudar fenómenos como a inflação, desemprego, taxas de juro, crescimento, produção, rendimento, investimento e consumo, a fim de ter uma visão global da actividade económica num país ou área geográfica. É de notar que todos estes grandes **agregados económicos** estão ligados e interagem uns com os outros. O domínio da macroeconomia permite compreender a revolução da política monetária de um banco central, a política económica e orçamental de um governo, mas também a revolução dos mercados bolsistas.

> **Microeconomia**

É diferente da macroeconomia. Esta ciência visa o estudo dos fenómenos económicos do ponto de vista dos **agentes económicos**. Como se viu anteriormente, é de notar que todos os elementos (**agentes económicos)** interagem entre si e adoptam comportamentos específicos que ajudam a explicar o funcionamento do mercado de trabalho, da família, da propriedade, do consumo ou da fiscalidade. Recordemos que quando falamos de agentes económicos estamos a referir-nos a famílias, empresas financeiras e não financeiras, administrações públicas e privadas. A microeconomia é portanto um ramo da ciência económica que procura compreender os mecanismos envolvidos no processo de decisão destes agentes, a formação dos preços e o confronto da oferta e da procura nos mercados.

> **Banco**

Segundo o dicionário Larousse, um banco é uma instituição financeira que, recebendo fundos do público, os utiliza para realizar operações de crédito e financeiras, e é responsável pelo fornecimento e gestão dos meios de pagamento. Legalmente, é uma instituição financeira regida pelo código monetário e financeiro de uma região. A sua principal função é oferecer serviços financeiros tais como a recolha de poupanças, recepção de depósitos, concessão de empréstimos e gestão de meios de pagamento.

Os bancos são especializados de acordo com as suas principais actividades e clientes. Pode ser um: ***banco Dipot,*** este tipo de banco recebe poupanças dos seus clientes e concede empréstimos (este é o sector bancário mais famoso).

Banco de investimento, que fornece aconselhamento e financiamento a empresas. Também opera nos mercados financeiros.

Banco privado, especializado na gestão de grandes carteiras. De facto, este tipo de banco oferece serviços de topo de gama para a gestão de activos de valor significativo.

Para além de tudo isto, deve dizer-se que um banco também pode oferecer serviços adicionais, tais como seguros, seguros mútuos e garantias.

> **O crédito**

O crédito pode ser definido como um adiantamento de dinheiro. É uma operação financeira que pode ser realizada por um banco ou por qualquer outra instituição de crédito. Consiste na colocação de recursos à disposição de um cliente que pode ser uma pessoa singular ou colectiva. Em troca, o devedor compromete-se a reembolsar a soma antes de uma determinada data e a pagar uma remuneração ao credor sob a forma de juros. Além disso, há vários encargos adicionais que são utilizados para calcular a taxa global do crédito. É de notar que as condições de acesso ao crédito dependem principalmente da confiança do credor na capacidade de reembolso do devedor. Quanto maior for a confiança, mais vantajosos são os termos do contrato para o devedor, e vice-versa.

o **O devedor:** em linguagem simples significa a pessoa que deve, tem como sinónimo o mutuário.

o **O credor:** este termo refere-se à pessoa a quem é devido o dinheiro ou outro reembolso.

Ilustração: Um devedor incorre numa dívida com um credor, tal como um banco. A esta dívida chama-se um crédito.

Existem geralmente dois tipos de crédito: o **crédito ao consumo** e o **crédito imobiliário**.

o O **crédito ao consumo**: tem uma duração de curto prazo. É utilizado para financiar despesas e equipamentos quotidianos, no sentido mais lato. Como exemplo, podemos mencionar um carro, um barco, etc.

o **Crédito imobiliário:** este é um crédito a longo prazo, cerca de 10 a 15 anos ou mesmo mais. É utilizado para financiar a compra de um terreno ou de uma casa ou mesmo obras de renovação.

Além disso, existe o **empréstimo escolar** ou **universitário.** Trata-se de um empréstimo a curto prazo reembolsável durante um período máximo de 10 meses. Permite aos pais pagarem de uma só vez o material escolar e as propinas dos seus filhos.

> **Dívida**

A dívida é geralmente definida como uma soma de dinheiro que uma pessoa, singular ou colectiva, deve a outra depois de a ter emprestado. No mundo dos negócios, a dívida é frequentemente um meio utilizado para financiar operações ou investimentos. Por conseguinte, é feita uma distinção entre as dívidas operacionais, que são frequentemente de curto prazo, e as dívidas financeiras, sendo estas últimas geralmente empréstimos bancários e dando origem ao pagamento de juros. É de notar que o objectivo da assunção de dívidas é, na maioria dos casos, melhorar a produção de uma empresa, pelo que o seu reembolso é escalonado no tempo. Em comparação com um Estado, uma empresa que não consegue pagar as suas dívidas arrisca-se a processos judiciais que podem levar à cessação das suas actividades. Para os indivíduos, a dívida pode variar desde pedir emprestado uma pequena quantia de dinheiro para financiar um equipamento, até contrair vários empréstimos que podem levar ao sobreendividamento.

> **O empréstimo**

Um empréstimo é uma soma de dinheiro emprestada por uma empresa que esta concorda em reembolsar dentro de um determinado período de tempo.
Existem diferentes tipos de empréstimos.

1. ***O empréstimo de montante fixo***: isto permite ao mutuário negociar o montante de capital a pagar no final do prazo do empréstimo. Exemplo: 100.000 empréstimo reembolsável em 5 anos

2. ***o empréstimo a taxa variável ou flutuante***,

3. ***empréstimo garantido***: aqui o credor que faz o empréstimo tem um direito legal sobre o património do devedor. Se o devedor não cumprir, o credor pode converter os bens em dinheiro para pagar a dívida.

4. ***o empréstimo de taxa fixa*** **ou empréstimo a prazo:** aqui a taxa permanece a mesma durante toda a duração do empréstimo. Por exemplo, poder-se-ia ter um empréstimo com uma amortização de 17 anos e um prazo de 3 anos. Durante este período de três anos, a taxa de juro é "congelada".

- **Tributação**

Refere-se ao conjunto de regras, leis e medidas que regem o domínio fiscal de um país. Refere-se às práticas utilizadas por um Estado ou uma autoridade local para cobrar impostos e outras imposições obrigatórias. É importante notar que a tributação desempenha um papel crucial na economia de um país. De facto, contribui para o financiamento das necessidades do país e é a fonte da despesa pública (obras de auto-estradas, construção de edifícios públicos, etc.).

- **Finanças**

Finanças é o estudo da alocação óptima de activos (investimentos que uma organização ou indivíduos devem fazer de modo a obter o maior retorno possível ao longo do tempo). Centra-se principalmente nos fluxos monetários, flutuações de taxas de juro, aumentos/diminuições de preços, alterações de mercado, etc. Baseia-se principalmente em três elementos: **dinheiro, tempo e risco.**

o Os ramos das finanças :

Finanças ***pessoais***: diz respeito aos rendimentos e despesas de um indivíduo ou de um agregado familiar, claro que as poupanças, os investimentos e o montante gasto por eles são tidos em conta.

Finanças públicas: relaciona-se com as actividades do governo na economia, ou seja, as suas receitas provenientes de várias fontes, tais como impostos, penalidades, taxas, direitos, etc. e as suas despesas para o desenvolvimento de estradas, aeroportos, educação, esgotos e muitas outras actividades de desenvolvimento.

Corporate Finance: também conhecido como *Corporate Finance* ou *Finanças Empresariais*. Preocupa-se em gerir os fundos da organização de modo a maximizar a riqueza da empresa, aumentando assim o valor das acções no mercado.

o Diferença entre finanças e economia

As principais diferenças entre economia e finanças podem ser apresentadas da seguinte forma:

- *A economia preocupa-se com a produção, consumo, troca de bens e serviços, e transferência de riqueza, enquanto as finanças se preocupam com a utilização óptima dos fundos da organização, de modo a obter um melhor retorno do seu investimento.*
- *A economia não faz parte das finanças, mas as finanças são parte da economia.*
- *A economia visa principalmente concentrar-se no valor monetário do tempo, ou seja, a quantidade de dinheiro que uma pessoa pode gastar para comprar 'tempo'. Enquanto as Finanças se concentram no valor do tempo do dinheiro, ou seja, uma rupia hoje é mais valiosa do que uma rupia um ano mais tarde.*
- *A economia explica os factores subjacentes ao excedente ou défice de bens e serviços, que afectam a sociedade como um todo, enquanto que as finanças explicam as razões para a flutuação das taxas de juro, alterações nos preços de qualquer mercadoria, entradas e saídas de dinheiro, etc.*
- *A economia é uma ciência social que estuda a gestão de bens e serviços, mas as finanças são uma ciência que estuda a disposição e a gestão de fundos (empréstimos, poupanças, despesas, investimentos, etc.).*
- *A economia visa optimizar os recursos de natureza limitada, enquanto as finanças visam maximizar a riqueza (https://fr.gadget-info. com/diferença-entre-economia)*
- Activo e passivo

Os activos de uma empresa são constituídos por duas partes: Activo e passivo. Uma vez que tornam possível avaliar o seu valor através da distribuição das entradas e saídas de fundos. Note-se que eles são determinados na contabilidade.

Os bens incluem todos os bens e direitos que uma empresa possui, tais como edifícios, boa vontade, equipamento, créditos e patentes.

Deve ser feita uma distinção entre activos fixos, ou seja, o goodwill e o equipamento, e activos correntes, ou seja, stocks, pessoal, contas a receber e saldos credores bancários. Deve lembrar-se que os activos têm um valor económico positivo porque constituem o influxo de recursos.

O passivo é constituído por capital próprio: fundos detidos pela empresa e pagos pelos sócios. São constituídos pelo capital social (montantes investidos no momento da criação da empresa pelos sócios), a reserva (lucros não distribuídos) ou o resultado líquido da empresa (o que a empresa ganhou e perdeu durante um exercício financeiro). (passivos fixos) e dívidas (passivos correntes).

Ao contrário do activo, o passivo tem um valor económico negativo porque representa uma saída de recursos.

II. o impacto dos produtos químicos na economia mundial: os números

A química como disciplina também tem sido e continua a ser um importante contribuinte para a riqueza, prosperidade e saúde humana. Nos últimos 5.000 anos, a química, mais do que qualquer outra disciplina, tornou possível a nossa civilização global.

As primeiras civilizações aprenderam a extrair metais simples e a processá-los, o que levou a uma superioridade militar e eventualmente económica. Do mesmo modo, as civilizações que descobriram a pólvora ganharam ascendência em muitas partes do mundo.

As inovações, tais como o desenvolvimento de cimentos específicos, argamassas e, mais tarde, betão, vidro e plásticos, permitiram uma urbanização maciça.

A revolução industrial foi possível graças a rápidas melhorias na compreensão da combustão e da termodinâmica dos combustíveis fósseis. Isto levou a transferências globais de energia para os países que foram capazes de implementar estas inovações a uma escala industrial.

Em 2014, a indústria química mundial representava 4,9% do PIB mundial e o sector tinha receitas brutas de 5,2 triliões de dólares. Isto equivale a 800 dólares para cada homem, mulher e criança do planeta.

Esperamos que a química continue a definir as direcções da mudança tecnológica no século XXI. Por exemplo, a investigação e desenvolvimento químico irá contribuir para a eficiência energética em LEDs, células solares (link é externo), baterias de veículos eléctricos (link é externo), dessalinização de água (link é externo), biodiagnóstico, materiais avançados para vestuário sustentável, aeroespacial, defesa, agricultura, nanotecnologia (link é externo), fabrico de aditivos (link é externo), e saúde e medicina

o ***América***

A química é essencial para a nossa economia e desempenha um papel vital na criação de produtos revolucionários que tornam as nossas vidas e o nosso mundo mais saudáveis, mais seguros, mais sustentáveis e mais produtivos.

Aqui estão alguns números

486 mil milhões de dólares gerados anualmente pela indústria química;

529.000 empregos qualificados e bem remunerados são fornecidos por empresas químicas;

J Mais de 25% do PIB dos EUA é apoiado pelo sector químico;

J 13% de todos os produtos químicos são produzidos pelos Estados Unidos, que é considerado o segundo maior produtor mundial;

J 9 % das exportações de bens dos EUA provêm do sector químico, ou seja, 125 mil milhões de dólares em 2020, é de notar que esta indústria é uma das maiores em termos de exportadores dos Estados Unidos;

J Além disso, mais de 96% de todos os produtos manufacturados são directamente afectados pelo sector químico;

Estes dados demonstram a importância do sector da indústria química nesta parte do mundo (Data & Industry Statistics (americanchemistry.com)).

o ***França***

A indústria química é uma componente chave da economia francesa, gerando quase 68,4 mil milhões de euros de volume de negócios. O seu valor acrescentado foi de 18,6 mil milhões de euros em 2020 (incluindo ingredientes farmacêuticos activos). De facto, os produtos químicos representam mais de 8% do valor acrescentado total de fabrico em França, o que a coloca em terceiro lugar atrás dos produtos alimentares e metalúrgicos. Note-se que é o sector líder das exportações em França, com um volume de negócios de 57 mil milhões de euros no estrangeiro, à frente da indústria alimentar (47 mil milhões de euros) e da aeronáutica e espaço (35 mil milhões de euros). Para além disso, a indústria química francesa é um dos principais empregadores. De facto, para as 3.000 empresas listadas, notamos o emprego directo de aproximadamente 168.420 pessoas altamente qualificadas, o que representa mais de 6% da mão-de-obra industrial francesa (https://www.entreprises.gouv.fr/fr/l-industrie-chimique-france).

J Reino Unido

A indústria química contribui com 18 mil milhões de libras por ano para o valor da economia do Reino Unido, ou cerca de 20,6 mil milhões de euros. É o maior exportador de bens manufacturados do país, representando 6,8% do valor acrescentado bruto do sector transformador. É de notar que os produtos químicos britânicos representam 4,5% dos bens exportados, respectivamente. É um sector de elevado investimento, ascendendo a 4,3 mil milhões de libras esterlinas ou cerca de 5 mil milhões de euros. A indústria química britânica é uma importante fonte de emprego (Market Monitor UK Chemicals 2018 | Atradius).

J.

O total das remessas e do valor acrescentado da indústria química, incluindo os produtos de plástico e borracha, ascendeu a 44 triliões de ienes e 17 triliões de ienes, respectivamente, em 2017, classificando-a como a segunda maior indústria a contribuir para a economia japonesa, seguida pelo equipamento de transporte. Com um número de empregados de cerca de 920.000. Isto conclui que esta indústria é um contribuinte significativo para a vida das pessoas, mas também para o emprego. (https://www.nikkakyo.org/sites/default/files).

> ***A Indústria Química Indiana***

A Índia é um dos países com uma indústria química altamente diversificada. Esta indústria cobre mais de 80.000 produtos comerciais. Estes produtos podem ser divididos em produtos químicos a granel, especialidades químicas, agroquímicos, petroquímicos, polímeros e fertilizantes.

O país é um importante fornecedor mundial de corantes, produzindo cerca de 16% do total mundial. Os peritos concordam que a indústria química indiana deverá atingir 304 mil milhões de dólares até 2025. Além disso, a Índia ocupa a 14ª posição em exportações e a 8ª em importações de produtos químicos (excluindo produtos farmacêuticos) no mundo. Vale a pena notar que esta indústria emprega mais de 2 milhões de pessoas na Índia (Indústria Química na Índia - Investimento, Política e Mercado... (investindia.gov.in).

> ***China***

Os produtos químicos tradicionais à base de carvão, minérios metálicos, sal e compostos orgânicos representam 48% do total, seguidos pelos petroquímicos e gás natural (20%), produtos farmacêuticos (17%), fibras químicas (9%) e matérias-primas (6%). O valor total da produção da indústria química chinesa está a crescer 8-9% por ano. Na China, mais de 10.000 das quais são joint ventures. Cerca de 30 mil milhões de dólares são investidos anualmente na indústria química chinesa, sendo o investimento estrangeiro responsável por 55-60% deste montante. Existem cerca de 80 diferentes stocks de produtos químicos no mercado, ou 137 se forem também incluídos produtos petroquímicos e fibras. As importações e exportações estão também a crescer rapidamente, com importações no total de 32,75 mil milhões de dólares - ou 14% do total - e exportações de 19,45 mil milhões de dólares desde 2001. Embora estes factos sejam impressionantes, há ainda algumas questões a serem abordadas, nomeadamente o elevado risco de segurança
(https://dechema.de/dechema media/Downloads/Press/S014 016 M5 910-p-988.pdf) .

> ***Camarões***

Estima-se que 5% da produção industrial em termos de química nos Camarões está na ordem dos 100 milhões de euros por ano. Localmente, os sectores-chave são a química orgânica (transformação de materiais plásticos), a parafquímica (sabões e detergentes, produtos de beleza, tintas, produtos de limpeza, colas e adesivos, produtos fitossanitários, etc.) e, em certa medida, os produtos farmacêuticos (embalagens de medicamentos e outras preparações úteis para a saúde). Verifica-se que continua a ser, na sua maioria, uma indústria centrada no fabrico de produtos simples baseados em matérias-primas importadas, o que a torna uma indústria totalmente dependente do exterior. De notar que os resultados deste sector são principalmente destinados ao mercado regional, dividido entre a África Central e Ocidental, e em certa medida, ao mercado europeu.

A factura de importação é composta principalmente por combustíveis e lubrificantes (16%); produtos da indústria química (13%), incluindo produtos farmacêuticos (5%), sendo o restante constituído por maquinaria e aparelhos mecânicos ou eléctricos, arroz, trigo e moagem.

O mercado químico nos Camarões baseia-se principalmente em importações. Estima-se que cerca de

365.000 toneladas de produtos químicos industriais serão importadas só em 2021 (Rapport du commerce extérieur du Cameroun au Premier semestre 2021).

Deve-se recordar que este sector tem cerca de 25 empresas que empregam mais de 1.700 pessoas. Estas são indústrias tais como fábricas de sabão e detergentes, perfumarias, fábricas de tintas e uma indústria farmacêutica embrionária. É de notar que a indústria do sabão é a mais dinâmica. Para além do CCC, que domina o sector, foram criadas nos últimos anos mais de dez fábricas de sabão em Yaounde, Douala e Bafoussam (os dados sobre as várias indústrias são fornecidos pelo gabinete do Primeiro-Ministro dos Camarões).

III. Química e quotas na bolsa

Definição: o que é a bolsa de valores?

O termo "mercado de acções" refere-se frequentemente a um dos principais índices do mercado de acções, como o *Dow Jones Industrial Average* (***Dow)*** ou o *Standard & Poor's 500 (**S**&P).*

Quando compra acções de uma empresa pública, está a comprar uma pequena parte dessa empresa. Como é difícil acompanhar cada empresa, os índices ***Dow*** e *S&P* incluem uma secção do mercado de acções e o seu desempenho é considerado representativo do mercado global.

Normalmente compra acções online através da bolsa de valores, a que qualquer pessoa pode aceder com uma conta de corretagem, robo-conversor ou plano de pensão de empregado. Não precisa de se tornar um "investidor" oficial para investir na bolsa de valores, uma vez que esta está normalmente aberta a todos.

Como funciona a bolsa de valores?

O conceito por detrás de como funciona a bolsa de valores é bastante simples. A bolsa de valores permite a compradores e vendedores negociar preços e fazer transacções.

A bolsa de valores funciona através de uma rede de bolsas - talvez já tenha ouvido falar da Bolsa de Nova Iorque ou da Nasdaq. As empresas listam as suas acções na bolsa de valores através de um processo denominado oferta pública inicial, ou IPO. Os investidores compram estas acções, o que permite à empresa angariar dinheiro para expandir o seu negócio. Os investidores podem então comprar e vender estas acções entre si, e a bolsa de valores acompanha a oferta e procura de cada acção cotada.

Esta oferta e procura ajuda a determinar o preço de cada acção ou os níveis a que os participantes na bolsa - investidores e comerciantes - estão dispostos a comprar ou vender.

Os compradores oferecem uma "oferta", ou o montante mais elevado que estão dispostos a pagar, que normalmente é inferior ao montante que os vendedores "pedem" em troca. Esta diferença é chamada spread comprador-vendedor. Para que uma troca tenha lugar, o comprador tem de aumentar o seu preço ou o vendedor tem de baixar o seu.

Isto pode parecer complicado, mas os algoritmos informáticos normalmente fazem a maioria dos cálculos de preços. Ao comprar acções, verá a oferta, a procura e a oferta-objectivo serem divulgados no website do seu corretor, mas em muitos casos a diferença será de alguns cêntimos e não será de grande preocupação para o novato e investidor a longo prazo.

O que é a volatilidade do mercado bolsista?

Investir no mercado de acções envolve risco, mas com as estratégias de investimento certas, pode ser feito com segurança com um risco mínimo de perda a longo prazo. A negociação diária, que envolve a compra e venda rápida de acções à medida que os preços flutuam, é extremamente arriscada. Em contraste, investir no mercado de acções a longo prazo provou ser uma excelente forma de construir riqueza ao longo do tempo.

Por exemplo, o S&P 500 tem uma média histórica de retorno total anualizado de cerca de 10% antes de se ajustar à inflação. No entanto, o mercado raramente proporcionará este retorno de ano para ano. Em alguns anos, o mercado bolsista poderá acabar por descer significativamente, noutros poderá subir dramaticamente. Estas grandes flutuações são devidas à volatilidade do mercado ou a períodos em que os preços das acções sobem e descem inesperadamente.

Investir em estrume

Os produtos químicos estão no carro que conduz, na roupa que veste e em quase tudo o resto. A indústria química global é enorme, com quase 4 triliões de dólares em receitas anuais totais. Qualquer mercado deste tamanho apresenta oportunidades para os investidores.

Há várias empresas de grandes dimensões na indústria química que estão a atrair a atenção dos investidores. No entanto, algumas empresas mais pequenas também oferecem um potencial de crescimento significativo. Aqui estão cinco grandes empresas químicas.

o ***Produtos químicos e atmosféricos***

A Air Products & Chemicals vende produtos químicos e gases para uso industrial. A empresa comercializa produtos utilizados por mais de 170.000 clientes. Estes clientes operam numa variedade de indústrias, incluindo a electrónica, alimentação e bebidas, manufactura, metais e refinação. A Air Products & Chemicals é também líder mundial em tecnologia de processamento de gás natural liquefeito.

o ***Dow***

Fundada em 1897, a Dow é uma das empresas químicas mais antigas do mundo. Os produtos da empresa incluem revestimentos, intermediários industriais (químicos utilizados por outras indústrias), plásticos e silicones. A Dow reestruturou-se em 2019 para racionalizar o negócio, posicionando a empresa como líder de quota de mercado em 14 produtos químicos chave.

o ***DuPont***

A DuPont é ainda mais antiga que a Dow, datando do início do século XIX. Os produtos da empresa são utilizados pelos clientes numa vasta gama de indústrias, incluindo a construção civil, electrónica, cuidados de saúde, transportes e segurança dos trabalhadores.

Tal como a Dow, a DuPont tem sofrido muitas mudanças. A empresa actual era uma das três divisões da DowDupont que se separaram na reorganização de 2019. Em Fevereiro de 2021, a DuPont alienou os seus negócios de nutrição e biociência, e a unidade fundiu-se com a International Flavors & Fragrances (NYSE: IFF).

o ***Huntsman Corporation***

A Huntsman gera quase 60% da sua facturação total através da venda de produtos de poliuretano, incluindo materiais de isolamento e de construção. Também fabrica produtos químicos e materiais combustíveis, bem como aditivos lubrificantes, adesivos, revestimentos, mobiliário, etc.

o ***Tronox Holdings***

Tronox é o primeiro fabricante mundial de pigmentos de dióxido de titânio verticalmente integrados. A empresa tem operações mineiras na Austrália, Brasil e América do Sul. Estas operações fornecem matérias-primas utilizadas para produzir pigmentos de dióxido de titânio utilizados em tintas, papel, plásticos e outros produtos.

O que é o mercado de acções e como é que funciona? - NerdWallet

Como avaliar o preço de uma molécula a ser sintetizada no mercado

o **Preço dos elementos químicos**

Desde 2020, o elemento químico não sintético mais caro em massa e volume é o ródio. É seguido pelo césio, irídio e paládio por massa e irídio, ouro e platina por volume. O carbono em forma de diamante pode ser mais caro do que o ródio. Os preços por quilograma de alguns radioisótopos sintéticos estão nos triliões de dólares.

O cloro, enxofre e carbono (como o carvão) são os mais baratos em massa. Hidrogénio, azoto, oxigénio e cloro são os mais baratos por volume à pressão atmosférica.

Quando não há dados públicos sobre o elemento na sua forma pura, é utilizado o preço de um composto, por massa de elemento contido. Isto zera implicitamente o valor dos outros constituintes dos compostos e o custo de extracção do elemento. Para elementos com propriedades radiológicas importantes, são listados isótopos e isómeros individuais. A lista de preços de radioisótopos não é exaustiva (Wikipedia.com).

o Preço de uma molécula

A relação entre a estrutura e uma propriedade de um composto químico é um conceito essencial na química que orienta, por exemplo, a concepção de drogas. Na realidade, porém, precisamos de considerações económicas para compreender plenamente o destino dos fármacos no mercado. Aqui realizamos pela primeira vez a exploração das relações quantitativas estrutura-economia (QSER) para um grande conjunto de dados de uma biblioteca de blocos de construção comercial de mais de 2,2 milhões de produtos químicos. Este inquérito forneceu estatísticas moleculares que mostram que, em média, o que pagamos é a quantidade de material. Por outro lado, é também revelada a influência das pontuações de disponibilidade sintética. Finalmente, compramos substâncias através da análise de gráficos moleculares ou fórmulas moleculares. Assim, moléculas com um maior número de átomos parecem mais atractivas e são, em média, também mais caras. O nosso estudo mostra como o agrupamento de dados poderia ser utilizado como método informativo na análise de megadados em química

Um exemplo de uma transacção entre uma empresa de biotecnologia em fase de arranque e uma empresa farmacêutica

*"**Innate Pharma S.A., uma** empresa biofarmacêutica francesa, e a Novo Nordisk, uma empresa farmacêutica internacional de origem dinamarquesa, anunciaram hoje que celebraram uma parceria estratégica para desenvolver novos fármacos destinados às células Natural Killer (NK), a primeira linha de defesa do corpo contra tumores e infecções. As partes concordam em colaborar durante pelo menos três anos no desenvolvimento de novas moléculas - principalmente anticorpos - que possam estimular ou inibir a actividade das células NK. Embora o acordo abranja todas as indicações terapêuticas, os candidatos a medicamentos serão desenvolvidos principalmente para o tratamento do cancro, doenças auto-imunes e infecciosas. A colaboração destina-se a levar cada candidato a medicamento até ao final dos ensaios pré-clínicos, altura em que a Novo Nordisk assumirá a responsabilidade pelo desenvolvimento clínico e estudos regulamentares.*

*Durante um período de três anos, a **Innate Pharma** receberá um total de aproximadamente 25 milhões de euros pela sua contribuição, incluindo um pagamento adiantado aquando da assinatura, financiamento de investigação e desenvolvimento e pagamentos de marcos em várias fases do desenvolvimento pré-clínico. A **Innate Pharma** também beneficiará de importantes pagamentos de marcos de desenvolvimento e regulamentação (até 25 milhões de euros por candidato a medicamento, desde o primeiro pedido de ensaio clínico até às primeiras vendas), bem como de royalties sobre futuras vendas de medicamentos. (fonte: http://www.innate-pharma.com/sites/default/files/cp novonordisk innate06.pdf).*

O objectivo deste capítulo era familiarizar o químico com conceitos económicos importantes e mostrar em resumo a extensão do impacto que a química tem na economia mundial. Assim, no final deste capítulo, esperamos ter suscitado nele o ponto de vista que um empresário químico deve ter quando confrontado com informação económica. O objectivo era assegurar que ele não estaria desconhecido de certas noções quando criasse a sua empresa.

Capítulo VI
O químico e o empreendedorismo

O mundo actual tende a forçar o licenciado a acreditar não num emprego, mas no empreendedorismo. Este estado de coisas não é estranho para aqueles que aspiram à profissão de químico. É certamente verdade que a química se encontra em muitos sectores de actividade, mas o facto é que existe sempre um problema de inadequação entre a oferta e a procura em termos de emprego. Porque não seguir o caminho do empreendedorismo, pergunta o químico? Com efeito, será aqui uma questão de definir conceitos como a química, o empreendedorismo e o empresário químico. Equipar o químico de uma certa forma para que ele possa empreender e dar-lhe algumas dicas neste sentido para o trabalho do empresário químico.

I. Definição e conceitos
> Química

A química é uma ciência experimental que estuda a composição da matéria e as suas transformações. Preocupa-se com os elementos que compõem a matéria, ou seja, átomos, iões, etc., as suas propriedades e as ligações químicas que podem ser formadas entre eles.

Para o leigo, a química é a ciência que estuda tudo o que rodeia o ser humano no sentido da aparência, cor, cheiro, mudanças. Para compreender melhor, a química estuda fenómenos como a mudança de cor de uma folha de árvore, o cheiro de carne podre, a acidez da fruta ou a explicação da ferrugem numa folha de metal, etc.

As transformações químicas são transformações da matéria. Envolvem modificações nas camadas externas de electrões, uma vez que o átomo (elemento constitutivo da matéria) é constituído por um núcleo e electrões. Estas transformações químicas têm vários nomes, entre outros, são chamadas: reacções químicas (oxidação-redução, base ácida...), ionização, etc.

A química utiliza uma série de fórmulas que permitem a simples representação de moléculas (disposição entre átomos). É de notar que estas fórmulas são também utilizadas em equações químicas (representações simbólicas de transformações químicas).

Vale a pena mencionar que a química tem várias disciplinas que têm pontos em comum no trabalho sobre diferentes temas de estudo, dos quais os mais representativos são

o química orgânica que se ocupa dos elementos que contêm carbono excepto CO_x (dióxido de carbono, monóxido de carbono, cianeto, carbonatos)

o química inorgânica que estuda outras moléculas que não as que contêm o elemento carbono;

o A química analítica diz respeito à identificação de substâncias químicas;

o bioquímica, que estuda reacções envolvendo meios ou objectos biológicos (células, proteínas, etc.);

o astroquímica centra-se nos elementos químicos encontrados no universo distante, etc.

> **O químico**

Um **químico** é um cientista que estuda química. Assim, o químico, como qualquer cientista, tem uma actividade experimental e uma actividade teórica. Por exemplo, Faraday, apelidado de "Príncipe dos experimentadores", foi o químico responsável pela descoberta do benzeno.

O termo "químico" é considerado um título profissional em muitos países e a legislação que rege este título difere de lugar para lugar. Nos Estados Unidos, por exemplo, os químicos são considerados como aqueles que possuem um *Bacharelato* em Química. Por outras palavras, para ser considerado químico, deve-se ter pelo menos um diploma universitário de quatro anos em Química.

No Reino Unido, para ser reconhecido como químico no Reino Unido, é necessário ter um *bacharelato* ou mestrado. Isto implica que tenha tido 300 horas de química prática ao nível de *Licenciatura*, e 400 horas ao nível de Mestrado (MChem/MSci);

Em França, a profissão de químico é sancionada por um diploma de pelo menos um nível BTS/DUT.

No Quebec, a utilização do título de químico é protegida pela *Lei dos Químicos Profissionais* e todos os utilizadores do título devem ser membros da *Ordre des Chimistes du Quebec* (OCQ) se desejarem ter o direito de o utilizar. Existe uma "Chemist's Permit" para este fim.

Nos Camarões, o químico é antes de mais um diploma de ensino superior cuja qualificação mais baixa reconhecida é o BTS (Brevet de Technicien Superieur). No entanto, é de recordar que nos Camarões, o Estado legislou sobre a profissão de engenheiro químico com a Lei n.º 2001-9 de 23 de Julho de 2001 para estabelecer a organização e as modalidades de exercício da profissão de engenheiro químico nos Camarões. De facto, no seu artigo 2º, "*qualquer pessoa titular de um diploma de engenheiro obtido numa universidade, numa escola reconhecida ou em qualquer outro diploma reconhecido como equivalente numa das especialidades da química pela comissão nacional de equivalência de títulos e que, graças aos seus conhecimentos na esfera da engenharia química, possa criar, inventar, conceber modelos ou produtos em conformidade com as regras e normas nacionais e internacionais em vigor, no respeito pelo ambiente", o engenheiro químico* será considerado como "engenheiro químico". "O engenheiro químico tem por actividade " *1) concepção, desenvolvimento e melhoria de processos nas indústrias químicas, 2) estudos de impacto ambiental 3) gestão de projectos de estabelecimentos classificados como perigosos, insalubres ou inconvenientes, 4) estudos e controlo da poluição nas indústrias químicas, 5) estudos de metrologia, normalização, certificação e acreditação de estabelecimentos classificados e unidades industriais de natureza química. (Art. 3)*

É uma conclusão subtil que o Estado dos Camarões só reconhece a profissão de engenheiro químico em termos de legislação.

É de notar que existem empresas que permitem que uma pessoa singular ou colectiva receba o estatuto de farmacêutico. Estas incluem professores universitários, investigadores da MINRESI (Ministério da Investigação Científica e Inovação) e membros da Ordem dos Farmacêuticos. Claro que podem existir outras corporações a nível de ONG, GICs (Grupos de Iniciativa Comum), associações ou sociedades eruditas como a Academia das Ciências dos Camarões, ou a Sociedade Química da África Central e dos Grandes Lagos (SOCACGL).

Para sublinhar isto, é importante notar que os químicos são os reis da análise laboratorial na medida em que examinam amostras, desenvolvem novos materiais e processos, desenvolvem modelos informáticos e simulações, e muitas vezes ensinam, enquanto os engenheiros químicos estão limitados ao domínio dos processos industriais, transformações e instalações.

> **Empreendedorismo**

Empreendedorismo é a vontade e a capacidade de procurar oportunidades de investimento e de criar e gerir um negócio de sucesso. É o motor da inovação, da criação de emprego e do crescimento económico (Alvarez, *Organizing Rent generation and appropriation towards a theory of the entrepreneurial firm*, 2004). É também uma forma de resolver a crescente taxa de desemprego, que é o principal problema da maioria dos países em África, incluindo os Camarões. É também um conceito global, uma tendência observada na maioria dos países em desenvolvimento e desenvolvidos. É visto como um processo de criação de riqueza inovador, que acrescenta valor ao existente, utilizando o tempo, o esforço e existe uma satisfação de dinheiro e independência. Bob Reiss (*Low Risk, High Reward: Starting and Growing Your Own Business with Minimal Risk*, 2001) acredita que o Empreendedorismo é o reconhecimento e a busca de oportunidades independentemente dos recursos que controla actualmente, com a confiança de que pode ter êxito, com a flexibilidade de mudar de rumo se necessário, com a vontade de recuperar de contratempos. Isto significa criar coisas novas com novos valores para recompensas financeiras. É portanto natural que a Forbe (*The effect of strategy decision making on entrepreneurial self-efficiency*, 2005) afirme que o empreendedorismo é uma abordagem inovadora à inscrição dos jovens no mercado de trabalho.

> **O empresário**

Um empresário é uma pessoa ambiciosa e capaz de fazer negócios arriscados com fins lucrativos. Ele é um inovador, alerta e reconhece oportunidades. Ele tem a capacidade de aproveitar a criatividade. É confiante e tem uma direcção clara para preencher as suas lacunas. Tendo em conta o acima exposto, Ibe descobre que um empresário deve ter a capacidade de perceber onde está o mercado e desenvolver novos bens ou processos que o mercado exige e, ao mesmo tempo, luta para proporcionar ((*Re-engenharia da educação empresarial para o emprego e a auto-produtividade na Nigéria*, 2012).

De acordo com Atoe e Ibobor (*The Nigerian Entrepreneur and the Environment of Business,* 2006), há várias razões pelas quais as pessoas se envolvem no empreendedorismo, as mais importantes das quais são

Tenho um forte desejo de ser independente;

J A oportunidade de desenvolver algo que amam, em vez de se contentarem com a segurança sob a forma de um rendimento regular;
J A sensação de que gostariam de operar ao seu próprio ritmo;
J Uma aspiração de reconhecimento e prestígio.

Algumas definições de um empresário

J *Um empresário é aquele que cria um produto por sua própria conta* (Webster's Revised Unabridged Dictionary, 1913).
J O empresário é aquele que organiza, gere e assume os riscos de um negócio ou empresa (Merriam-Webster Online).
J *Um empresário é um indivíduo que inicia o seu próprio negócio* (Palavras do investidor, dicionário de termos financeiros).
J *Um empresário é aquele que se compromete com uma empresa, um negócio, uma aventura, um arriscado* (Bernard Kamoroff, empresário e autor).
Um empresário é uma pessoa que inicia um negócio para seguir uma visão, ganhar dinheiro e controlar a sua própria vida (tanto financeira como espiritualmente) (Linda Pinson, autora de numerosos artigos sobre planeamento empresarial).
J *O empresário é aquele que decidiu assumir o controlo do seu futuro e tornar-se independente, quer criando o seu próprio negócio único ou trabalhando em equipa, como no marketing multinível* (Daile Tucker, empresária e autora).
J *O empresário do estilo de vida é aquele que não se atreve, mas que se contenta perfeitamente em vender um produto comprovado, proporcionando um rendimento estável* (Mark Hendricks).
J *O empresário é aquele que cria valor* (Jean Baptiste, economista francês)
J *O empresário é o inovador que lidera o processo criativo e destrutivo do capitalismo, que reforma ou revoluciona o modelo de produção* (Joseph Schumpeter).
Para Schumpeter, os empresários exploram uma invenção ou, mais geralmente, uma incansável possibilidade tecnológica para produzir uma nova mercadoria ou para produzir uma velha de uma nova forma. Abrem uma nova fonte de fornecimento de materiais ou uma nova saída para os produtos. Reorganizam uma indústria, como agentes de mudança na economia. Ao servir novos mercados ou ao criar novas formas de fazer as coisas, fazem avançar a economia. Iniciam novas empresas comerciais com fins lucrativos.
É evidente que os empresários são catalizadores e inovadores do progresso económico.
O sucesso dos empresários reside no facto de que :
o São decisores distintos;
o Querem ser senhores do seu próprio destino;
o São organizados, independentes e auto-confiantes;

o Querem aceitar críticas e rejeições;

o Possuem competências empresariais especializadas derivadas da educação ou experiência; o São determinados e persistentes, não desistindo ao mais pequeno sinal de dificuldade;

o Eles são bons juízes de talento e carácter, especialmente na formação de uma aliança apropriada com o cérebro;

o Podem usar muitos chapéus: finanças, marketing, contabilidade, contabilidade, relações humanas, etc. (Reilly e Millkin, "*Feasibility Analysis* ,2005).

II. Empreendedorismo em química

O empreendedorismo em química consiste em converter inovações em química em produtos comercializáveis para fins comerciais. No passado, a investigação científica era apenas para publicação em revistas académicas, agora existe uma mudança de paradigma para a realização de investigação que, em vez de ser publicada, pode ser patenteada e depois comercializada para benefício económico. Este paradigma traduz-se simplesmente em colocar a ciência em empreendimentos comerciais de sucesso. Os especialistas concordam que esta é a principal chave para o auto-emprego e o emprego de outros, ou seja, combinando tanto as competências empresariais como técnicas. A vantagem deste conceito é que ele garante empresas baseadas no conhecimento e a criação de novos valores. Esta é a prova final de que a ciência e o conhecimento desempenham um papel fundamental no desenvolvimento da sociedade (Odia e Odia, *Developing entrepreneurship skills and transformation challenges into opportunities in* Nigeria 2013).

Para muitas pessoas, a formação em química assegura o emprego directo, já que esta ciência é aplicada em todos os domínios, mas porque é que os químicos não são empregados?

Do ponto de vista do empreendedorismo em química, os químicos com grandes ideias, com um pouco de formação em empreendedorismo, são supostamente criadores de emprego e não candidatos a emprego. No entanto, a realidade é bastante diferente, porque embora os novos currículos académicos incluam módulos de formação em empreendedorismo, é preciso dizer que muitos químicos licenciados, mesmo com projectos de investigação comercializáveis, carecem de competências empresariais ou de know-how para os converter em produtos comerciais ou comercializáveis, a fim de colherem benefícios financeiros individuais, bem como de proporcionarem oportunidades para o desenvolvimento económico nacional. As causas são numerosas, mas as mais significativas são

1) Muitos aprendizes lutam para conciliar a química com a sua vida quotidiana;
2) Muitos aprendizes não têm uma cultura de extensão em química;
3) A química é utilizada no mundo académico como uma ferramenta académica, o que cria uma fenda com o leigo;
4) A incapacidade de traduzir a investigação num objecto comercializável;
5) De visão interior, por outras palavras, a baixa capacidade de estabelecer relações com outros campos (transdisciplinaridade);

6) as actividades de marketing são bastante diferentes, quase o oposto das actividades nos laboratórios, etc.

De facto, como pode ser que um estudante de investigação não possa identificar a fonte de enxofre nos Camarões, ou melhor ainda o aspecto físico do benzeno no seu estado natural, ou dominar os conceitos informáticos para desenvolver software utilizável para a investigação que será vendável.

O empreendedorismo em química envolve, portanto, o processo de conversão de inovações em química em produtos comercializáveis para fins comerciais.

D. em química inorgânica, e CEO e co-fundador da Tiptek, uma empresa que fabrica sondas ultra duras e ultra afiadas para aplicações de microscopia de força atómica. Eis o que ele diz: "*Iniciar uma empresa dá-lhe a oportunidade de criar um negócio, seja ele grande ou pequeno, onde sabe que está a fazer pessoalmente a diferença*", enquanto que "*trabalhar numa grande empresa pode parecer uma pequena engrenagem numa grande máquina*". A diferença é feita rapidamente, pelo que o empreendedorismo em química visa fazer do químico um motor de desenvolvimento ao mesmo tempo que é independente. A sua contribuição para a economia torna-se mais decisiva em comparação com o químico empregado.

Vale a pena notar que cada vez mais países anglo-saxónicos estão a tentar fornecer aos seus estudantes universitários de química ferramentas que lhes permitam ser trabalhadores independentes no final da sua formação.

Assim, como parte da promoção do empreendedorismo em química, a Escola de Química, em colaboração com a Escola de Negócios da Universidade de Nottingham nos Estados Unidos, estabeleceu um Mestrado em Química e Empreendedorismo, co-dirigido pelas duas instituições. De facto, este curso visa proporcionar aos estudantes uma apreciação da inter-relação entre a investigação básica e a sua exploração comercial, o que permitirá aos estudantes desenvolver uma compreensão das áreas específicas da química moderna, bem como dos aspectos financeiros, de marketing e de gestão dos negócios modernos. Outro objectivo do curso é permitir aos estudantes adquirir os conhecimentos tecnológicos e comerciais para dar um contributo significativo para a química e a economia baseada na tecnologia de hoje. Além disso, o Departamento de Química do Imperial College London, Londres, Reino Unido, dirige o programa Chemistry Biology and Bio-Entrepreneurship, que é um programa de formação para químicos empreendedores. O mesmo é válido para o Mestrado em Empreendedorismo Químico (CEP) do Departamento de Química da *Case Western Reserve University*. É um mestrado profissional de dois anos em empreendedorismo químico onde os estudantes estudam química avançada, negócios práticos e inovação tecnológica enquanto trabalham num projecto empresarial da vida real com uma empresa existente ou com o próprio arranque do estudante. Deve notar-se que esta formação em empreendedorismo baseado na química também ajuda os estudantes a ligarem-se com mentores, conselheiros, parceiros, fontes de financiamento e oportunidades de emprego.

Como parte dos seus esforços para encorajar o empreendedorismo na química como disciplina e profissão, a *Royal Society of Chemistry* instituiu um prémio, o **Chemistry World Entrepreneur of the Year.** Este é um prémio anual no valor de 4.000 libras esterlinas atribuído a indivíduos que tenham demonstrado criatividade e visão, levando a inovação química ao sucesso comercial nas suas empresas.

Entre os premiados está a Dra. Clementine Chambon do Departamento de Engenharia Química do *Imperial College London*, que recebeu o prémio 2018 pela sua contribuição para a aplicação empreendedora da bioenergia para abordar questões-chave ambientais, sociais e de género na Índia rural. É a co-fundadora e CTO da **Oorja**, uma empresa social que projecta e instala mini-redes solares e de biomassa, fornecendo electricidade acessível e fiável a comunidades fora da rede na Índia. Ao fornecer um fornecimento de energia fiável 24 horas por dia, a empresa está a melhorar a vida dos pobres rurais da Índia, permitindo-lhes gerir equipamento e maquinaria a custos mais baixos, resultando num aumento significativo dos seus rendimentos. O seu trabalho também tem impacto noutras áreas, incluindo o desenvolvimento económico, segurança alimentar, saúde, educação, igualdade de género e alterações climáticas.

Paul Jones, o vencedor de 2021, deve também ser elogiado pela criação de empresas britânicas que são reconhecidas internacionalmente pelos seus polímeros de especialidades inovadoras que utilizam princípios de química verde. Estas empresas são Chemical Processing Services Ltd, Bitrez Ltd e Anacarda Ltd.

Bitrez Ltd concebe e desenvolve produtos ou resinas de polímeros que visam um índice de perigo reduzido e/ou um impacto ambiental reduzido. A empresa cria produtos que proporcionam o conforto a que todos estamos habituados, mas de uma forma mais segura para aqueles que os utilizam, e a partir de fontes sustentáveis que evitam mais danos para o ambiente. A questão é se um químico camaronês, um investigador com sede nos Camarões, pode receber o próximo *prémio Chemistry Entrepreneur Award*?

III. O valor do empreendedorismo na química

- Combate ao desemprego dos licenciados em Química

A matrícula em instituições de ensino superior nos Camarões está a aumentar de dia para dia. A realidade é que o governo e os sectores privados organizados não têm capacidade suficiente para absorver os diplomados destas instituições. O Instituto Nacional de Estatística (INS) estimou que a taxa de desemprego aumentou 6,1% nos Camarões em 2021, em comparação com o ano 2020. A situação do desemprego nos Camarões é efectivamente alarmante, de acordo com a última edição dos indicadores de desenvolvimento sustentável publicados em Dezembro do mesmo ano, as mulheres (6,1%) são mais afectadas pelo desemprego do que os homens (5%), enquanto a taxa global de subemprego é de 65% durante o mesmo período. O problema do desemprego dos diplomados gerou vários outros problemas socioeconómicos no país que se manifestam como a crise NOSO e Boko Haram e um aumento da taxa de roubo e rapto à mão armada (Mireille Razafindrakoto, crise NOSO nos Camarões, 2018). A forma mais eficaz de resolver este problema é avançar no sentido do empreendedorismo tecnológico para desenvolver um sector viável.

- O crescimento da economia nacional.

O recente exercício de relançamento indicou que a economia dos Camarões é agora a 99ª maior do mundo e a 16ª maior em África. É necessário evitar a regressão económica, especialmente à luz da diminuição das receitas petrolíferas, se quisermos alcançar o objectivo de desenvolvimento dos Camarões em 2035.

Nota: A **re-base do** *PIB é o acto de alterar o ano base utilizado para o cálculo do agregado* **económico**

- Criação de riqueza para reduzir a pobreza.

A fome é um sinal de pobreza. Globalmente, uma em cada sete pessoas vai para a cama com fome todos os dias (International Food Policy Research Institute, IFPRI). A Nigéria ocupa o 74º lugar entre 116 países na lista da fome, de acordo com a classificação do Índice Global da Fome (GHI) do IFPRI (2021). Esta pontuação não é muito boa para uma nação que se encontra entre os maiores produtores de plátanos, mandioca, etc.

- A contínua agitação civil/social é uma indicação de pobreza.

A maioria das actividades de agitação civil/social nos Camarões são levadas a cabo por pessoas que não estão envolvidas em projectos/negócios lucrativos. Estes resultaram numa classificação muito fraca para os Camarões no Global Peace Index Rating com uma classificação de 141ª de 163 nações em 2022.

IV. Coisas que precisa de saber para se tornar um químico empreendedor

Espera-se que os químicos em geral tenham uma paixão pela ciência e não pelos negócios, por isso, tornar-se um empresário requer aprender novas competências, correr riscos e falar ou aprender uma nova língua ou vocabulário exigido a um empresário. Os químicos também precisam de uma compreensão básica das estruturas financeiras básicas, incluindo uma compreensão básica dos balanços, demonstrações de fluxos de caixa, rácios financeiros e suas interpretações, e princípios gerais de contabilidade para gerir os negócios eficazmente, bem como uma compreensão prática de questões legais tais como estruturas empresariais, contratos, responsabilidade e propriedade. Estes envolvem a aprendizagem de uma nova cultura.

Judith J. Albers, co-fundadora e sócia-gerente da Neworks com sede em Nova Iorque, diz: "***O cientista que deseja tornar-se empresário deve responder às seguintes perguntas como meio de auto-avaliação das suas ideias de negócio:***

a) Existe uma necessidade do mercado?

b) Tem uma solução para a necessidade do mercado?

c) Alguém mais tem uma solução?

d) Podemos fazer dinheiro a sério aqui?

e) Até que ponto irá comercializar?

f) Tem uma equipa que a possa trazer para o mercado?

g) Tem um plano de negócios credível?

h) Quanto é que vai custar?

i) Será isto algo que realmente quer fazer?

j) Será este o momento certo na sua vida? "

Para além disto, Albers sugere: "

- ***Compreender o mercado e o lugar da sua tecnologia.***
- ***Esteja preparado para assumir riscos.***
- ***Fale com pessoas que já o tenham feito e construa uma rede de apoio.***
- ***Envolva-se com pessoas excelentes em quem confia.***
- ***Não negligencie os estudantes na construção de equipas empresariais.***

V. Passos a seguir para iniciar um novo negócio

Há muitos livros sobre o assunto. Aqui apenas tentamos dar algumas indicações ao químico (Oyeku, *Chemistry Entrepreneurship for Small and Medium Enterprises Development*, 2015).

Decido se quer ser um empregador ou um empregado.

J Ler materiais sobre empreendedorismo.

Faço uma avaliação completa de si mesmo para ver se pode ser um empresário.

J Decidir sobre o tipo de propriedade da empresa.

Pesquise em profundidade as diferentes janelas de oportunidade de investimento sem se limitar necessariamente a uma área específica.

J Seleccionar duas a três das diferentes opções de oportunidades de investimento. Obter perfis de investimento sobre as opções seleccionadas (se disponíveis).

J Refine a sua escolha tem uma opção para começar. Conduzir investigação pessoal na indústria para se tornar conhecedor da mesma (por exemplo, concorrência, matérias-primas, embalagem, maquinaria e equipamento, tecnologia de processos, etc.). Concorrência, matérias-primas, embalagem, maquinaria e equipamento, tecnologia de processos, etc.)

J Preparar um relatório de viabilidade (pode contratar um profissional, mas envolver-se na preparação).

J Elabore um plano de negócios (um extracto do seu relatório de viabilidade). Adoptar um nome e registar a sua empresa.

J Decidir sobre a localização da empresa.

J Desenhe o seu pacote de identidade corporativa/produto (marca/logotipo, papel timbrado, cartão de visita), brochura (folhetos informativos), etc.

J Abrir uma conta comercial.

J Discutir com instituições financeiras/de financiamento. Desenvolver um procedimento de manutenção/contabilidade de registos.

J Contactar fornecedores de máquinas e equipamentos, matérias-primas, materiais de embalagem, electricidade, água, etc.

J Adquirir os inputs necessários, incluindo a construção/aluguer/aluguer do edifício.

J Adquirir a formação necessária.

J Recrutamento de mão-de-obra.

J Localize o seu mercado. Conduza uma produção experimental.

Registe o seu produto (se aplicável).

J Abra as suas portas ao negócio.

VI. Possíveis fontes de financiamento

Algumas fontes de financiamento listadas por Balasuriya (*Access to Finance, Business Expansion and Diversification by Small Enterprises*, 2013) incluem:

o ***Bolsas de investigação e desenvolvimento:*** dinheiro utilizado para o desenvolvimento tecnológico.

o ***Financiamento por si próprio ou por familiares e amigos próximos***: isto inclui as poupanças do próprio investigador e fundos das partes interessadas (membros da família e amigos).

o ***Investidores anjos***: uma pessoa que fornece assistência em rede, informação pessoal e dinheiro a empresas em fase de arranque.

o ***Capital de risco***: gerido por um gestor de fundos para fornecer fundos de investimento a ideias ou projectos empresariais arriscados.

o ***Outras fontes são***: Sociedades cooperativas; Descobertos ou empréstimos bancários; Contratos de crédito; Locação de equipamento; Venda de acções e hipotecas.

o ***Angariação de fundos.***

VII. Capacidade empreendedora em química

Por vezes, as competências empresariais surgem naturalmente. Por vezes são adquiridas durante um período de tempo como resultado de uma longa formação ou podem surgir espontaneamente como resultado de uma longa frustração ou de um longo e determinado estado de espírito de um indivíduo. No geral, é uma capacidade de fazer bem coisas novas. As capacidades empresariais são capacidades de sobrevivência profissional (Nelson e Leach, *Increasing opportunities for entrepreneurs. Em K.B. Greenwood,* 1981). Estas competências são por vezes chamadas competências científicas em química. As competências científicas em química são os meios e estratégias a seguir pelos cientistas a fim de alcançar um produto da ciência. As competências listadas são :

- ***Observação;***
- ***Classificação;***
- ***Medição;***
- ***Contagem da inferência fiscal;***

- *A experiência;*
- *Investigação;*
- *Interpretação;*
- *Controlo das variáveis ;*
- *Generalização;*
- *A conclusão.*

Do mesmo modo, Asiriuwa (*Educação em Ciência e Tecnologia para a Ciência e Tecnologia para o Desenvolvimento Nacional.* 2005) declarou que o desenvolvimento destas competências dá origem a outras competências que são essenciais para a sobrevivência do empresário bem sucedido. Estas competências empreendedoras são enumeradas como se segue:

- ***Pensamento criativo***
- ***Planeamento e investigação***
- ***Tomada de decisões***
- ***A organização***
- ***Comunicação***
- ***Formação de equipas***
- ***Marketing***
- ***Gestão financeira***
- ***Manutenção de registos (a) fixação de objectivos***
- ***Gestão de negócios.***

VII. Algumas ideias e formulações comerciais.

A. Ideias de negócio

2) Habilidades necessárias para iniciar um negócio

- ***Capacidade de comunicação e negociação***

Terá de comunicar e negociar com os seus fornecedores, potenciais investidores, clientes e empregados. Ter capacidades de comunicação escrita e verbal eficazes irá ajudá-lo a construir boas relações de trabalho.

- ***Pensamento crítico***

Ser capaz de pensar por si próprio pode ser uma competência chave numa altura em que o conceito de carreira e, por conseguinte, o local de trabalho está a mudar. O pensamento crítico é claramente autodirigido e autodisciplinado, pelo que terá de estar preparado para pensar por si próprio de uma forma realista e significativa.

- ***Adaptabilidade***

A adaptabilidade no trabalho significa ter a capacidade de mudar para ter sucesso.

Perseverança: descreve o poder de empurrar e empurrar para a linha de chegada, mesmo a linha de chegada parece cómicamente fora de alcance. É tenacidade e teimosia, no melhor sentido das duas palavras. Como diz o velho ditado, "*as coisas boas vêm para aqueles que esperam*".

- ***Trabalho duro***

Todas as definições de trabalho árduo são correctas.

- ***Compreensão cultural***

O reconhecimento da importância da cultura nos negócios é um passo importante para o sucesso no mercado global. Compreender a cultura de um país é um sinal de respeito. Também ajuda a promover uma comunicação eficaz, um factor vital nos negócios.

- ***Iniciativa e dinamismo***

Saber como atribuir recursos de forma eficaz. A mudança acontece porque as pessoas o fazem.

- ***A capacidade de resolver problemas complexos***

Fazer os ajustes apropriados e manter o foco no verdadeiro objectivo.

- ***Observação***

A observação é uma técnica de pesquisa de mercado na qual se observa geralmente como as pessoas ou os consumidores se comportam e interagem no mercado.

- ***Redes e marketing***

Encontrar pessoas com ideias e perspectivas diferentes. O marketing tornou-se mais fácil do que nunca. O marketing nas redes sociais dá-lhe a vantagem de alcançar o mercado potencial num instante.

3) Ideias de negócio

Aqui está uma gama incompleta de ideias de negócios químicos, desde o mais simples ao mais difícil, desde o negócio que requer apenas uma hora da sua rotina diária até ao negócio que requer todo o seu dia com toda a sua atenção. Depende da sua capacidade de adaptação, da sua natureza e dos recursos à sua disposição, do empreendimento que escolher de entre as ideias dadas. Elas serão bem desenvolvidas no Volume II.

1) Criação de um negócio de fabrico de sabão

Os sabões estão entre os produtos fabricados com produtos químicos e são utilizados para lavagem e banho. Existe definitivamente um grande mercado para sabonetes e a indústria ainda está suficientemente aberta para tantas pessoas quantas estejam dispostas a iniciar o seu próprio negócio de fabrico de sabão. Portanto, se procura um negócio simples para começar na indústria química, um que requer algumas semanas ou meses de formação e um que pode começar em pequena escala, deve considerar a possibilidade de começar a fabricar sabão. Embora provavelmente esteja a competir com vários fabricantes de sabão na sua cidade ou país, se os seus sabonetes estiverem bem embalados, provavelmente obterá a sua própria quota de mercado disponível na sua área alvo.

2) uma empresa de produção de detergentes

A empresa de produção de detergentes é uma empresa classificada na indústria química; isto porque uma grande parte das matérias-primas utilizadas na produção de detergentes são produtos químicos. Por isso, se procura um negócio para começar na indústria química, uma das suas opções é ir para a produção de detergentes.

Pode combinar confortavelmente a produção de detergente com a produção de sabão. Este é um negócio muito bem sucedido e rentável que pode ser iniciado em pequena escala com um capital inicial mínimo. Como mencionado anteriormente, o mercado para este negócio é vasto. No entanto, necessitará de ter toda a informação e competências necessárias nesta especialidade, para que possa progredir bem quando eventualmente começar.

3) Produção de pasta de dentes e elixir bucal

Pasta de dentes e elixir bucal são produtos essenciais que são utilizados em todos os lares e na vida quotidiana; existe essencialmente um mercado considerável para pasta de dentes e elixir bucal. É prudente classificar este tipo de negócio na indústria química porque uma maior percentagem de matérias-primas é utilizada na produção de pasta de dentes e de elixir bucal.

Assim, se procura um negócio para começar na indústria química, cujos produtos são muito vendáveis, então uma das suas opções é ir para a produção de pasta de dentes e de elixir bucal. É importante notar que uma marca e uma embalagem adequadas irão contribuir em muito para atrair clientes para os seus produtos.

4) uma empresa de produção de lixívia

Os agentes branqueadores são utilizados para branquear roupas, remover manchas de roupa e lavar casas de banho, etc. Existe de facto um grande mercado para agentes branqueadores. Portanto, se está a pensar em iniciar um negócio na indústria química, um negócio que possa lançar com sucesso com um capital mínimo, um negócio bem sucedido e rentável, deve considerar a possibilidade de entrar na produção de branqueadores.

As lixiviantes são produtos químicos e são algo corrosivos, pelo que qualquer pessoa que pretenda dedicar-se à produção de lixiviantes deve assegurar-se de que obtém uma licença de manuseamento de produtos químicos e outras licenças relevantes. Para iniciar este tipo de negócio, deve ser uma empresa registada e ter as licenças sanitárias necessárias para iniciar o negócio.

5) Uma empresa que produz produtos cosméticos

Loções, pomadas, cremes corporais, vaselina e afins são todos produtos corporais e fazem parte da indústria química. De facto, é raro encontrar uma casa que não tenha pelo menos um ou dois desses produtos para o corpo. Isto mostra que existe de facto um grande mercado para produtos para o corpo.

Embora existam outras marcas líderes no sector dos cuidados corporais, qualquer empresário que queira iniciar um negócio neste sector pode ainda assim ter sucesso. Tudo o que precisam de fazer é certificar-se de que oferecem boas estratégias competitivas e que serão capazes de ganhar uma quota do mercado disponível.

Assim, se estiver a pensar em iniciar um negócio na indústria química, uma opção é iniciar um negócio que produza produtos para o corpo. Basta certificar-se de que a sua gama de produtos é de boa qualidade e bem embalada.

6) Uma empresa de produção de verniz de unhas

O negócio da produção de esmaltes é outro negócio muito bem sucedido e rentável que um empresário que está a considerar iniciar um negócio na indústria química deveria considerar iniciar. As mulheres usam esmaltes para pintar os dedos e existe um estúdio de manicura e pedicura onde não se encontram diferentes cores de esmaltes de diferentes fabricantes.

Numa nota mais grave, é difícil mencionar categoricamente uma marca de produção de verniz de unhas que domina o mercado. Isto mostra que o mercado ainda é bastante aberto. Portanto, se está a pensar em iniciar um negócio na indústria química, uma das suas opções é a criação de uma empresa de produção de esmaltes. Certifique-se apenas de que produz esmaltes numa vasta gama de cores, se quiser realmente competir com outros fabricantes.

*7) **Uma empresa produtora de ambientadores*** (perfume e sabor)

O ambientador é outro produto da indústria química que pode ser produzido em massa. Se está a planear iniciar o seu próprio negócio de baixo orçamento na indústria química, a produção de ambientadores é uma das actividades que pode iniciar. Com um pequeno capital inicial, pode criar com sucesso o seu próprio negócio de produção de ambientadores.

Existe um grande mercado para os ambientadores e os ambientadores podem ser produzidos na forma líquida, gasosa ou sólida. Se quiser permanecer competitivo nesta indústria, precisa de assegurar-se de que cria cheiros únicos e agradáveis e os seus produtos também devem ser bem embalados. Além disso, este é um mercado muito concentrado, pelo que precisa de criar um nicho para a sua marca, produzindo cheiros muito únicos para se antecipar.

8) Produtos de cuidados pós-barba (Colónia)

Aftershave é mais uma pequena empresa que um empresário que considere iniciar um negócio na indústria química pode iniciar com sucesso. Existe um grande mercado para colónias e se o seu produto for bem embalado e contiver fragrâncias diferentes, provavelmente não terá grandes dificuldades em entrar no mercado.

Para além de fornecer as suas loções aftershave aos retalhistas, também pode comercializar as suas loções aftershave em barbearias no seu local de trabalho e em redor dele. Este tipo de negócio é lucrativo; como tal, precisa de ter planos adequados para angariar o capital necessário para seguir em frente.

9) Produtos esfoliantes e de limpeza para o rosto

Se procura um negócio simples, bem sucedido e lucrativo para começar na indústria química, um negócio que não requer uma licença de manuseamento de produtos químicos, então uma das suas opções é começar a produzir esfoliantes e produtos de limpeza facial.

Existe um enorme mercado para estes produtos, tudo o que precisa de fazer para penetrar no mercado é assegurar que os seus produtos tenham preços competitivos, sejam de boa qualidade e bem embalados e de marca. Precisará de iniciar esta fábrica a partir de uma área não residencial. Isto é importante devido aos tipos de produtos químicos que seriam utilizados e que poderiam ser perigosos para as pessoas que entram em contacto com eles.

10) Produtos polacos

Os produtos polacos são produtos tais como graxa de sapatos, graxa de interiores de automóveis, graxa de pneus, graxa de madeira, graxa de metal e bronze, etc. Estes são produtos que são fabricados com vários químicos. Por conseguinte, é prudente classificar a empresa polaca de fabrico na indústria química.

Assim, se procura um negócio simples para começar, um negócio com produtos altamente comercializáveis, um negócio que possa ser lançado em pequena escala e um negócio que seja rentável, uma das suas opções é criar uma empresa de fabrico polaca. Tal como com a maioria dos produtos de retalho, se os seus produtos forem bem embalados e de marca, terá provavelmente menos dificuldade em ganhar a sua própria quota do mercado disponível.

11) Produção de corantes

As tintas para couro, tintas para vestuário, tintas para cabelo, etc., são todos produtos da indústria química. Como tal, se procura um negócio simples mas rentável e bem sucedido para começar na indústria química, uma das suas opções é ir para a produção de tinturas. Basta certificar-se de que produz corantes que são utilizados para diferentes fins e se os seus produtos forem bem embalados, provavelmente não terá muita dificuldade em ganhar a sua própria quota do mercado disponível.

Os corantes são uma das substâncias químicas mais mortíferas do mundo. Se entrarem em contacto com os olhos ou a boca por engano, podem causar desastres. Esta é uma das razões pelas quais é necessário obter todas as certificações e formação necessárias antes de iniciar este negócio.

12) Produção de fertilizantes

Os fertilizantes orgânicos e não orgânicos são necessários no sector agrícola e todos eles são produtos da indústria química. Existe de facto um grande mercado para este tipo de negócio. Não há praticamente nenhum país onde a agricultura não seja encorajada; de facto, o governo da maioria dos países subsidiou fertilizantes para os agricultores do seu país, para encorajar as pessoas a dedicarem-se à agricultura.

Assim, se está a pensar em iniciar um negócio na indústria química, talvez queira considerar a possibilidade de entrar na produção de fertilizantes orgânicos e não orgânicos. A forma mais fácil de se tornar suficientemente grande no negócio da produção de fertilizantes é convencer o governo do seu país. Na maioria dos países, o governo é ainda o maior cliente de produtos de fertilizantes.

13) A produção de nylons ou plásticos

A produção de nylon é outro negócio muito lucrativo e bem sucedido que um empresário sério em ganhar dinheiro com a indústria química deveria considerar iniciar. Os nylons são utilizados na embalagem e revestimento de muitos produtos, desde géneros alimentícios a vestuário e até automóveis novos. Isto mostra que existe de facto um mercado muito grande para as nylons.

De facto, os retalhistas estão entre os maiores consumidores de sacos de nylon, uma vez que os utilizam para embalar mercadorias adquiridas pelos seus clientes. Aqueles que entraram na produção de nylon acordaram uma manhã e descobriram que já eram milionários. É por isso que também podem obter excelentes retornos do seu investimento quando entram no negócio.

14) Uma fábrica de processamento de borracha

Se vive em redor de uma plantação de borracha, uma das actividades mais fáceis de fazer dinheiro pode começar com sucesso na indústria química é entrar no processamento de borracha. Uma fábrica de processamento de borracha é um local onde a borracha em bruto proveniente de plantações de borracha é processada antes de ser vendida como matéria-prima a empresas transformadoras.

Existe um grande mercado para borrachas processadas, simplesmente porque são utilizadas como matéria-prima na produção de cargas de produtos como pneus, caixas eléctricas, brinquedos para crianças, caixas para computadores, caixas para telemóveis, molduras para citar apenas algumas. Portanto, se está a pensar em abrir um negócio na indústria química, uma das suas opções é abrir uma fábrica de processamento de borracha.

15) O desenvolvimento de insecticidas, herbicidas e pesticidas

Os insecticidas são químicos usados para matar insectos, os herbicidas são químicos usados nas quintas para matar insectos comedores de folhas e os pesticidas são químicos usados para matar pragas como os roedores et al. Existe de facto um grande mercado para estes produtos.

Portanto, se procura um negócio start-up na indústria química, que seja bem sucedido e rentável, que possa ser lançado com sucesso em pequena escala, então uma das suas opções é começar a produzir insecticidas, herbicidas e pesticidas et al.

16) A produção de tintas

As tintas são outro produto da indústria química; existe um grande mercado para tintas simplesmente porque as tintas são utilizadas para pintar casas, pavimentos, produtos metálicos e muitos outros produtos. Portanto, se está a pensar em iniciar um negócio na indústria química, uma das suas opções é ir para a produção de tintas. A verdade é que um empresário que pretende iniciar um negócio de produção de tintas pode optar por começar em pequena ou grande escala.

Em última análise, este tipo de negócio está aberto tanto a grandes investidores como a aspirantes a empresários com pouco capital inicial. Não tem de limitar a venda dos seus quadros ao país onde vive; pode posicionar o seu negócio para exportar os produtos também para os países vizinhos.

17) Produção de tinta

A produção de tintas é outra actividade próspera e muito lucrativa da indústria química. As tintas são utilizadas na impressão quer em cartuchos utilizados por pequenos impressores em escritórios, quer na tipografia. A verdade é que enquanto tivermos livros, revistas e outros produtos, nunca os conseguiremos pagar.

Por exemplo, no caso de revistas, banners, outdoors (excepto para painéis electrónicos) e obras de arte, etc., haverá sempre necessidade de tintas. Isto mostra que existe, de facto, um mercado considerável para as tintas. Como empresário em início de actividade que está a considerar iniciar um negócio na indústria química, uma das suas opções é ir para a produção de tintas.

18) A produção de adesivos e selantes (colas, gomas e pastas e outros)

Um empreendimento comercial adicional de sucesso e lucrativo na indústria química que um empresário que considere iniciar um negócio deve considerar é entrar na produção de adesivos e selantes. Existe um grande mercado para colas, gomas e pastas, etc., desde que seja capaz de competir favoravelmente com outros fabricantes dos mesmos produtos. Este tipo de negócio é aquele que pode ser iniciado em pequena escala com pouco capital inicial.

19) Uma empresa de produção de amido (amido de pulverização e amido de água fria)

Lavandarias, lavandarias, empresas têxteis e estampadoras são locais onde o amido é utilizado em quantidades comerciais. O amido é também utilizado nas nossas casas quando passamos a ferro as nossas roupas e, de facto, em algumas partes do mundo, particularmente em África, a fécula é consumida como alimento. Existe de facto um mercado muito grande para o amido.

Assim, se está a pensar em iniciar um pequeno negócio de produção de amido, que pode ser classificado com segurança na indústria química, deve considerar iniciar um negócio de produção de amido. Tudo o que tem de fazer é definir o seu mercado-alvo e produzir produtos de amido que são muito procurados no seu mercado-alvo.

20) A produção de produtos químicos de limpeza

Os limpadores profissionais dependem fortemente de produtos de limpeza químicos para realizarem as suas principais tarefas. Existem muitos produtos químicos produzidos especificamente para a limpeza de pavimentos de mármore, azulejos, cerâmicas, janelas e sanitários, etc. Se está a planear iniciar um negócio na indústria química, um negócio bem sucedido e rentável, uma das suas opções é começar a produzir produtos químicos de limpeza.

É importante salientar que precisaria de uma licença de manuseamento de produtos químicos e outras licenças antes de poder iniciar legalmente este tipo de negócio simplesmente porque os produtos químicos de limpeza podem ser perigosos para os que o rodeiam, bem como para si próprio.

21) Produção de sal

É prudente classificar a produção de sal (cloreto de sódio) na indústria química. Assim, se está a considerar iniciar um negócio na indústria química, que requer capital legal de arranque e cujas matérias-primas podem ser facilmente obtidas, então deve considerar a produção de sal. É um negócio bem sucedido e rentável. Hoje em dia, tem sido necessário iodar os sais que são produzidos.

22) A produção de soda cáustica

A produção de soda cáustica é outro negócio bem sucedido e lucrativo na indústria química. Se está a considerar iniciar este tipo de negócio, deve assegurar-se de que obtém as licenças necessárias do seu governo nacional antes de abrir o negócio. É importante notar que este tipo de negócio pode ser iniciado com uma pequena venda.

23) Produção de fermento em pó

O fermento em pó é outro produto da indústria química utilizado por muitas pessoas. O fermento em pó é utilizado em bolos, bolachas e qualquer alimento à base de farinha que seja cozido. Isto mostra que existe um grande mercado para o fermento em pó. Assim, se procura iniciar um negócio bem sucedido e rentável na indústria química, uma das suas opções é ir para a produção de fermento em pó.

Embora existam muitas marcas de fermento em pó no mercado, se estiver determinado a progredir com os seus produtos, obterá certamente a sua própria quota do mercado disponível. Certifique-se apenas de prestar atenção à qualidade do seu produto, à sua marca e às suas estratégias de marketing.

24) Produção de creme capilar e enxofre 8

A produção de cremes capilares e enxofre 8 é outro negócio que um empresário pode iniciar com sucesso; este negócio é na indústria química. Existe um grande mercado para cremes capilares e enxofre 8; o enxofre 8 é utilizado no tratamento da caspa e de outras infecções relacionadas com o cabelo.

Assim, se está a pensar em criar uma pequena empresa na indústria química, uma das suas opções é entrar na produção de cremes capilares e enxofre 8. Tenha em atenção que a marca e a embalagem irão contribuir em muito para o ajudar a atrair clientes.

25) Produção de azeite

A produção de azeite é outra actividade que pode ser classificada com segurança como uma indústria química. Existe um grande mercado para o azeite, pelo que se trata de um negócio que vale a pena iniciar. Assim, se está a pensar em iniciar um negócio no sector químico, que seja seguro e um negócio bem sucedido e rentável, deve considerar a possibilidade de entrar na produção de azeite. Certifique-se apenas de prestar atenção à marca, embalagem e qualidade dos seus produtos.

26) Produção de lubrificantes

Outro negócio muito lucrativo e bem sucedido na indústria química que um empresário que considere iniciar um negócio na indústria química deve considerar iniciar é um negócio de produção de lubrificantes. Existe um grande mercado para produtos lubrificantes e este é um negócio aberto a empresários que estão preparados para competir na indústria.

Como tal; se está seriamente empenhado em ganhar dinheiro na indústria química, deve considerar iniciar um negócio de produção de lubrificantes. Existe uma vasta gama de produtos que pode produzir neste negócio. Certifique-se apenas de que oferece produtos e embalagens de boa qualidade; esta é uma das estratégias que precisa de adoptar se pretende penetrar no mercado.

27) Produção de sabão líquido

Lavagem de carroçarias líquidas, lavagem de automóveis líquida, lavagem de louça líquida e elixir bucal líquido são todos produtos altamente comercializáveis e estes produtos são abrangidos pela indústria de produção química. Portanto, se procura um negócio para começar na indústria química, um negócio que seja bem sucedido e rentável, um negócio cujos produtos são utilizados diariamente, então uma das suas opções é entrar na produção de detergente líquido para roupa.

Este é um negócio que pode ser iniciado em pequena escala com pouco capital inicial. Se está a pensar em iniciar este tipo de negócio, precisa de garantir que produz diferentes sabores para que os seus clientes tenham uma escolha.

28) Produção de bolas de cânfora

A produção de esferas de naftaleno, vulgarmente conhecida como cânfora, é outro negócio fácil de iniciar na indústria química. As bolas de naftaleno (cânfora) são utilizadas para evitar que a roupa dentro de caixas, armários e sacos cheirem mal. São também utilizadas para evitar que baratas e outros insectos se alojem em armários, armários, sacos, prateleiras de livros, caixas e recantos escondidos de edifícios.

Existe de facto um grande mercado para contas de naftaleno (cânfora). Portanto, se está a pensar em abrir um pequeno negócio na indústria química, uma das suas opções é entrar na produção de esferas de naftaleno (cânfora). Uma coisa boa sobre este tipo de negócio é que está aberto a todos; não há monopólio neste negócio.

29) Produção de alisadores de cabelo e champôs

A produção de alisadores de cabelo e champôs é outro negócio florescente e muito lucrativo na indústria química. Existe um grande mercado para alisadores de cabelo e champôs. Portanto, se está a pensar em iniciar um negócio na indústria química, que pode ser iniciado em pequena escala, uma das suas opções é ir para a produção de relaxantes capilares e champôs.

Embora existam muitos produtos de cuidado do cabelo no mercado, se os seus produtos forem de boa qualidade e bem embalados, provavelmente não terá muita dificuldade em ganhar a sua própria quota do mercado disponível.

30) Produção de ácido

Ácidos tais como ácido nítrico, cloro, ácido fosfórico, ácido sulfúrico, dióxido de titânio, peróxido de hidrogénio, nitrogénio, etileno, amoníaco, propileno, polietileno, cloro e fosfatos de amónio são todos ácidos utilizados para diferentes fins. Estes ácidos são mais facilmente encontrados nos laboratórios de química das escolas e empresas de produção química. Existe de facto um grande mercado para os ácidos.

Por esta razão, se está a pensar em iniciar um negócio na indústria química, uma das suas opções é ir para a produção de ácido. É importante notar que este é de facto um negócio muito complicado. Por conseguinte, é necessária uma licença comercial adequada se desejar operar legalmente nos Estados Unidos da América e, claro, na maioria dos países do mundo.

31) Entrar na produção de perfumes e sprays corporais

A produção de perfumes e sprays corporais pode ser classificada com segurança como uma indústria química; os produtos químicos são as principais matérias-primas utilizadas no fabrico deste produto. Portanto, se está a considerar iniciar um negócio na indústria química, um negócio rentável e bem sucedido, uma das suas opções é entrar na produção de perfumes e sprays corporais.

Embora existam marcas líderes neste negócio, se puder oferecer uma fragrância única e os seus produtos estiverem bem rotulados e embalados, provavelmente obterá a sua própria quota do mercado disponível.

32) Entrar na produção de extintores de incêndio

A produção de extintores de incêndio é outro negócio próspero e lucrativo na indústria química. Sem dúvida, existe um grande mercado para extintores de incêndio simplesmente devido à sua utilização - para combater os incêndios. De facto, nos Estados Unidos da América e na maioria dos países do mundo, é obrigatório ter extintores de incêndio em edifícios, fábricas, comboios, navios e automóveis. É um delito punível se não houver extintores nos locais acima listados e, mais importante ainda, o extintor deve ser válido.

33) Entrar na produção de recipientes de plástico e borracha

Outro negócio lucrativo e muito bem sucedido que um empresário pode iniciar na indústria química é o de se envolver na produção de recipientes de plástico e borracha. Os recipientes de plástico e de borracha são utilizados para diversos fins, desde o armazenamento de água e produtos químicos até ao armazenamento de combustíveis e óleos alimentares, etc. Assim, se está a pensar em iniciar um negócio na indústria química, uma das suas opções é dedicar-se à produção de recipientes de plástico e borracha.

34) Comércio a retalho de produtos de plástico e borracha

Em casa, no local de trabalho, em escolas, hospitais, hotéis, etc., encontrará diferentes tamanhos e formas de produtos plásticos (contentores). Isto mostra que existe um grande mercado para produtos plásticos (baldes plásticos, tambores plásticos, pratos plásticos, baldes plásticos, etc.). Assim, se pretende iniciar um negócio de retalho relacionado com produtos químicos, deve considerar a abertura de uma loja onde os produtos plásticos sejam vendidos a retalho. É de facto um negócio lucrativo e é fácil de iniciar e gerir.

35) Entrar na venda de produtos químicos agrícolas

Os produtos químicos agrícolas são produtos químicos tais como pesticidas, herbicidas e outros fumigantes tais como herbicidas e outros. Por isso, se está a pensar em iniciar um negócio simples, um negócio que está na indústria química, um negócio bem sucedido e rentável, uma das suas opções é entrar no negócio da venda de produtos químicos agrícolas. Existe um grande mercado para estes produtos, especialmente se tiver localizado a sua loja perto de um assentamento agrícola.

Iniciar este tipo de negócio não é um brinquedo. Isto deve-se à enorme experiência necessária para assegurar o bom funcionamento das coisas, bem como a gestão quotidiana do negócio. Isto mostra que é preciso passar por toda a formação antes de se aventurar nele.

36) Entrar na venda de produtos químicos de limpeza

Aqueles que trabalham na indústria da limpeza dependem fortemente dos produtos químicos de limpeza para desempenhar as suas tarefas essenciais, daí a existência de um grande mercado de produtos químicos de limpeza. Assim, se está a pensar em iniciar um negócio na indústria química, fácil de criar, rentável e bem sucedido, uma das suas opções é entrar no negócio dos produtos químicos de limpeza.

Certifique-se apenas de que armazena a sua loja com diferentes marcas de produtos químicos de limpeza de diferentes fabricantes para dar aos seus clientes opções. É também muito importante realizar estudos de mercado antes de abastecer a sua loja com produtos químicos de limpeza. Fornecer produtos químicos directamente a empresas de limpeza é uma forma de gerar enormes vendas.

37) Entrar na produção de gás lacrimogéneo e spray de pimenta

É comum ver a polícia de choque usando gás lacrimogéneo e spray de pimenta para reprimir motins. É claro que sabe que a polícia não fabrica estes produtos; são as pessoas da empresa, que está no sector privado, que são responsáveis pela produção de tais produtos, excepto em casos raros. Portanto, se está a pensar em iniciar um negócio na indústria química, uma das suas opções é ir para a produção de gás lacrimogéneo e spray de pimenta.

É importante notar que na maioria dos países do mundo, seria necessária uma licença especial e uma autorização de segurança do governo antes de se poder envolver legalmente na produção de gás lacrimogéneo e spray de pimenta.

38) Entrar na produção de celuloides

O celuloide é utilizado na produção de filmes e existe um grande mercado para este produto. Não há dúvida de que a produção de celuloide faz parte da indústria química. Portanto, se está a considerar iniciar um negócio na indústria química, um negócio que requer um certo nível de profissionalismo e formação e um negócio bem sucedido e rentável, uma das suas opções é ir para a produção de celuloides.

Claro que, se está neste tipo de negócio, precisa de estar ciente de que o seu mercado-alvo são os cineastas, por isso precisa de desenvolver a sua estratégia de marketing para os atrair. Certifique-se também de que estende os seus tentáculos de marketing a outras costas longe da sua.

39) Entrar na produção de produtos químicos de embalsamamento

Outro negócio de sucesso e lucrativo na indústria química que um empresário deve considerar iniciar é a produção de produtos químicos de embalsamamento. As mortuárias em todo o mundo dependem de produtos químicos de embalsamamento para preservar cadáveres, pelo que existe um mercado para o embalsamamento de produtos químicos, uma vez que as pessoas são obrigadas a morrer. Assim, se procura um negócio para começar na indústria química, uma das suas opções é ir para a produção de produtos químicos de embalsamamento e talvez outros produtos semelhantes.

40) Fabrico de pneus

O fabrico de pneus é outra actividade na indústria química que um empresário deve considerar iniciar. Os pneus são utilizados por aviões, camiões, carros, bicicletas, empilhadores e outros. Isto mostra que existe um grande mercado para pneus.

É um facto que não existe praticamente nenhuma cidade no mundo onde não se encontre um carro, razão pela qual a venda de pneus é muito rentável e bem sucedida. Se está a pensar em iniciar um negócio de fabrico de produtos químicos, deve considerar a criação de uma fábrica de pneus.

Embora seja um negócio de capital intensivo, mas ao mesmo tempo é um negócio lucrativo. Basta ter a certeza de apresentar uma boa estratégia de marketing, pois existem muitas empresas fabricantes de pneus com as quais teria de competir.

41) Início de uma fábrica de cimento

O negócio do fabrico de cimento é outro negócio relacionado com produtos químicos que um empresário deve considerar iniciar. Iniciar uma fábrica de cimento pode ser capital intensivo, mas uma coisa é certa, não terá problemas em vender o seu cimento, especialmente se vender a um preço competitivo. Se tiver capital sólido, deve considerar abrir a sua própria fábrica de produção de cimento.

Por exemplo; este tipo de negócio é muito lucrativo em África simplesmente devido ao trabalho maciço de construção que está a decorrer em toda a África. Isto não quer dizer que se se vive fora de África, não se possa iniciar um negócio de fabrico de cimento bem sucedido; claro que o cimento é vendido em todos os países do mundo. Há muita concorrência neste sector, pelo que é necessário criar um nicho para a sua marca.

42) Produção de álcoois metílicos, soluções GV e iodo

A produção de bebidas espirituosas metiladas, solução GV e iodo é outro negócio que pode ser classificado com segurança como uma indústria química; isto porque as matérias-primas utilizadas no fabrico deste produto são produtos químicos. Portanto, se pretende iniciar um negócio na indústria química, um negócio lucrativo e bem sucedido, deve considerar a possibilidade de entrar na produção de bebidas espirituosas metiladas, tintas JV e iodo.

Estes são produtos que normalmente se encontram num kit de primeiros socorros e, claro, em escolas, escritórios, fábricas e na maioria das casas. Se vai entrar na produção destes produtos, certifique-se de que os seus produtos estão bem embalados para que não tenha demasiada dificuldade em penetrar no mercado disponível.

43) Produção de licores e bebidas espirituosas

Finalmente, a produção de licores e bebidas espirituosas é outro negócio lucrativo e bem sucedido que pode ser classificado com segurança como uma indústria química. Os licores e as bebidas espirituosas são consumidos em todos os países do mundo, pelo que existe um grande mercado para licores e bebidas espirituosas.

Assim, se procura um negócio para começar na indústria química, um com produtos altamente comercializáveis, então uma das suas opções é ir para a produção de licor e bebidas espirituosas. Embora existam muitas empresas dedicadas à produção de licores e bebidas espirituosas, isto não o impede de criar a sua própria empresa de produção de licores e bebidas espirituosas.

Se souber embalar, marcar e promover os seus produtos, ganhará certamente a sua própria quota de mercado se for suficientemente diligente. A chave está em ter uma estratégia de marketing bem planeada.

VI. Formulação de ideias para começar

Estas formulações não têm em conta as boas práticas de fabrico, que pretendemos desenvolver no próximo volume.

1) As bebidas

J Produção de vinho

O vinho é produzido através da fermentação das uvas. A qualidade do produto é influenciada pela uva, o solo e o sol, resultando em variações de sabor, bouquet e aroma. A cor depende em grande parte da natureza das uvas e se as peles são prensadas antes da fermentação. Os vinhos são classificados em :

1. 7 a 14% de etanol
2. 14 a 30 % de etanol com adição de álcool ou brandy
3. Doce seco ainda contém uma parte do açúcar
4. Ainda pequeno,

As uvas tintas ou pretas são utilizadas para produzir vinho tinto seco. As uvas passam por um triturador que as macera mas não esmaga as sementes. Também remove alguns dos caules. Adiciona-se ácido sulfuroso à polpa obtida ou contida em cubas, para controlar o crescimento de leveduras selvagens. Também se pode utilizar potássio ou metabissulfito de sódio e/ou bissulfito de sódio. É adicionada uma cultura activa de leveduras seleccionadas e cultivadas igual a 3 a 5% do volume de sumo. As bobinas de arrefecimento são necessárias para manter a temperatura abaixo dos 30 C da fermentação exotérmica. O dióxido de carbono libertado transporta os caules e as sementes para cima. Isto pode ser parcialmente evitado por uma grelha flutuante no tanque. Esta fase permite extrair a cor e o tanino das peles e sementes. Quando a fermentação abranda, o sumo é bombeado para fora do fundo do tanque e até à parte superior. O vinho é finalmente derramado nos tanques de armazenamento fechados, onde em 2 ou 3 semanas a levedura fermenta o açúcar restante. O vinho é deixado a descansar durante 6 semanas, a fim de eliminar alguma da matéria em suspensão. Depois, é trasfega para clarificação. Bentonite ou outra terra diatomácea pode ser adicionada (1 a 8 g em 4.000 litros de vinho) para facilitar a clarificação. Forma-se também um precipitado insolúvel com tanino. Também se pode adicionar tanino adicional, e o vinho é trasfegado e filtrado através de terra de diatomáceas, amianto ou pasta de papel. Estes processos alegram o vinho, melhoram o seu sabor e reduzem o tempo de envelhecimento. O vinho é corrigido de acordo com as normas comerciais, misturando com outros vinhos e adicionando açúcar, ácidos ou taninos. O procedimento padrão é arrefecer certos vinhos para remover argilas ou tartarato de ácido potássico bruto, que são a fonte comercial de ácido tartárico e dos seus compostos. Este tratamento também resulta num vinho acabado mais estável. Através de métodos de envelhecimento rápido, que empregam pasteurização, refrigeração, luz solar, luz ultravioleta, ozono, agitação e aeração, é possível produzir um bom vinho doce em 4 meses. O vinho é trasfegado, clarificado e depois filtrado da forma habitual.

J **Bebidas à base de fruta**

Bebida refrescante

Uma bebida de sabor refrescante pode ser preparada da seguinte forma, utilizando um liquidificador, um agitador e uma faca:

Dissolver 3 cubos de açúcar (ou como desejado) e 1 colher de chá de bicarbonato de sódio em 1 copo de água potável refrigerada. Adicionar 2 colheres de sopa de sumo de limão ou lima.

A pasteurização prolonga o prazo de validade da bebida

Na pasteurização, a cerveja engarrafada ou enlatada é aquecida a uma certa temperatura elevada e aí mantida durante um certo período de tempo a fim de matar ou inactivar os microrganismos que ela contém. As cervejas pasteurizadas são "mais limpas" e têm um prazo de validade muito mais longo do que a cerveja não pasteurizada.

Citrinos, ananás e bebidas de bagas de sabugueiro

Os citrinos (laranja) são um fruto sazonal e o seu sumo deve ser processado/preservado de modo a estar disponível para consumo durante toda a estação.

Utilizando um extractor, caldeira, aquecedor, recipiente (garrafa), pasteurizador a vácuo, recipiente e vedante, o sumo de citrinos pode ser conservado da seguinte forma:

Limpar 10 kg de fruta laranja madura. Descascar (dependendo do extractor). Cortar no extractor. Acrescentar 0,6 kg de açúcar granulado. Pasteurizar sob vácuo. Encher em frascos esterilizados e limpos.

Deixar arrefecer. Manter por até 6 meses. Servir com gelo.

Sumo de Hibisco ou folere

O extracto de *Hibiscus sabdariffa* tem um valor superior ao dos conhecidos e mais caros sumos de laranja e ananás para nutrição e conteúdo mineral. O cálice de *Hibiscus sabdariffa* é extraído após ebulição a cerca de 100°C durante uma hora e o extracto é separado por filtração.

Um refrescante vinho de fruta com uma cor natural de vinho tinto brilhante pode ser preparado da seguinte forma, utilizando um aquecedor, uma caldeira e uma peneira:

Ferver 1 galão de água potável. Adicionar 2 chávenas (chávena média 'Blue Band') de Sobo seco e ferver em lume brando durante 10 minutos. Triturar a mistura através de uma peneira. Adicionar 2 chávenas de açúcar granulado e 2 tampas de sabor a Ananás (ou Banana ou outro sabor à sua escolha). Servir refrigerado.

Bebida de gengibre

Uma bebida refrescante de fruta que também alivia a tosse pode ser preparada da seguinte forma, utilizando uma faca, um liquidificador, um agitador e um coador/camisa:

Descascar e esmagar 56g de gengibre fresco e mergulhar em 1 litro de água potável durante 24 horas. Triturar e misturar 336g de açúcar refinado, 10g de ácido cítrico, 10g de ácido tartárico e 10g de cal (ou "sal Epsom"). Servir refrigerado.

Anéis e cubos de ananás

Usando uma faca, aquecedor, xarope, autoclave, recipiente, pasteurizador a vácuo, recipiente e selante, anéis de ananás podem ser preparados da seguinte forma:

Descascar 10 kg de ananases limpos e cortá-los em anéis. Colocar os anéis em latas e encher com xarope. Fechar as tampas das latas e aquecer até que o ar na lata, a calda e as células de ananás sejam evacuadas. Fechar bem e esterilizar a cerca de 121 °C numa autoclave fresca, rotular e armazenar. Servir refrigerado.

J **Lacticínios e produtos relacionados**

Gelo

Com uma tigela, batedor, misturador/misturador, frigorífico/congelador, tubo de embalagem e selador, o gelado pode ser preparado da seguinte forma:

Dissolver 1 chávena (faixa azul de tamanho médio) de leite em pó integral, 1,5 chávenas de açúcar granulado, 1 pitada de corante, 20 colheres de chá de estabilizador dissolvido (previamente preparado dissolvendo 2 colheres de chá de estabilizador em pó em 1 litro de água fervida, mexida e coberta durante 1 hora), 2 tampas de banana ou baunilha ou qualquer outro aroma à sua escolha em 3 litros de água potável quente. Embale num tubo de embalagem, sele e congele. Servir refrigerado.

Iogurte

A fermentação bacteriana do leite animal produz ácido láctico. A desnaturação das proteínas do leite (coagulação que resulta em espessamento) reduz o pH. A fruta e os sabores são utilizados para criar variedade. Com uma tigela, batedor, misturador/misturador, frigorífico/congelador, tubo de embalagem e selador, o gelado pode ser preparado da seguinte forma:

Dissolver 2 chávenas (faixa azul média) de leite em pó integral e 2 colheres de sopa de fermento de iogurte em 2 chávenas de água potável. Adicionar água quente quase a ferver e mexer rapidamente para misturar rapidamente. Deixar a mistura repousar na tigela durante 3 a 4 horas. Guardar o iogurte no frigorífico. (Utilizar 2 colheres de sopa do iogurte tomado para o próximo lote. O iogurte azedo e aguado coalha durante a preparação, caso em que deve tentar novamente, utilizando o iogurte coalhado como cultura inicial). Embale num tubo de embalagem, sele e congele. Servir refrigerado.

Kunu

Com uma tigela, batedor, misturador/misturador, frigorífico/congelador, tubo de embalagem e selante, o kunu pode ser preparado da seguinte forma:

Mergulhar 2 chávenas (tamanho médio Blue Band) de sorgo limpo em água durante 11 horas. Mergulhar 1 chávena de painço ou joro e outros ingredientes durante 8 horas. Lavar o sorgo e triturá-lo numa pasta. Dividir a pasta em duas (A & B). Adicionar água a ferver a A enquanto se mexe e deixar repousar. Penetrar B com um pano de musselina. Triturar o painço e outros ingredientes e coar no caldo principal. Conservar durante a noite. Acrescentar açúcar e gengibre a gosto e engarrafar. Servir refrigerado.

J **Fast food e produtos relacionados**

Caramelo

A isto chama-se "castanho", pois é utilizado para dar uma cor castanha ao pão, bolos, bebidas de chocolate, bebidas de malte, cerveja, etc. Com uma caldeira, misturadora e aquecedor, o caramelo pode ser preparado da seguinte forma:

Aqueça 2 chávenas de açúcar granulado seco até que derreta e se parda. Adicionar 1 chávena de água a ferver, mexendo vigorosamente para obter uma substância viscosa castanha escura.

Pão

Com um cocho, peneira, morango/petrina, misturador, moldes e forno, o pão pode ser cozido da seguinte forma:

Penetrar 10 kg de farinha na gamela. Adicionar 500 g de açúcar refinado, 4 g de levedura, 2 g de pastilhas de sal e vitamina C branca e misturar. Adicionar 7 chávenas (400 g de fermento em pó), 2 chávenas de óleo vegetal, 5 colheres de chá de leite, óleo com sabor a baunilha (ou noz-moscada ou limão ou qualquer outro aroma à sua escolha) e acastanhamento ou caramelo ou qualquer outra cor à sua escolha (a gosto) e misturar numa massa macia mas não pegajosa. Amassar bem (sobre uma mesa ou moinho de rolos se não houver máquina). Cortar a massa com os pesos necessários e moldá-la nos moldes limpos e oleados apropriados (com formas cónicas a gosto). Manter a massa nos moldes para descansar e levedar numa sala quente durante 3 a 6 horas (dependendo do nível de levedura) para garantir a "levedação". (Água fervida ou equipamento de telhado pode fornecer o calor e a humidade necessários para uma boa actividade de levedura). Cozer a temperatura média alta durante 20-30 minutos. (Os fornos podem ser eléctricos ou a gás ou querosene ou carvão ou lenha. Uma panela meio cheia de areia limpa e aquecida com madeira ou querosene é uma boa improvisação). Note-se a subida da massa nos primeiros minutos após a entrada no forno devido ao aumento da actividade da levedura, resultando numa maior taxa de produção de dióxido de carbono, o que distende a massa elástica. No entanto, à medida que a temperatura aumenta, as células de levedura desnaturam, o amido da farinha congela e a crosta de pão fica castanha devido à caramelização. Retira-se o pão do forno para arrefecer. Embrulhar.

Biscoito

Biscuit é o nome britânico para aquilo a que os americanos chamam cookie. O equipamento necessário para produzir biscoitos inclui um recipiente de mistura, tábua, cortador, garfo, faca, palito, tabuleiro para cozer, forno e aquecedor.

100g de farinha é peneirada numa tigela. 50g de gordura de cozedura é esfregada na mistura e 50g de açúcar granulado é adicionado e misturado. Adiciona-se um pouco de água ao ovo batido, que é adicionado à mistura e misturado numa massa muito firme. A massa é amassada até ficar lisa e depois estendida finamente sobre uma tábua enfarinhada. O cortador de bolachas é utilizado para a cortar em formas. O corante alimentar pode ser utilizado para fazer marcas. Todas as peças são colocadas num tabuleiro e cozidas durante 10-15 minutos num forno moderado (marca a gás 4). Garfos, facas, picadores, etc. são utilizados para remover a parte superior não cozida do biscoito. São arrefecidos. Podem ser polvilhados com açúcar em pó ou açúcar de confeiteiro peneirado. Podem ser criadas as seguintes variações: para o Biscoito de Coco, adicionam-se 50g de açúcar desidratado. Para o Biscoito de Cereja, adicionam-se 50g de cerejas em pó.

Comida para bebés

Laca de soja

É uma bebida proteica para crianças e adultos. O equipamento é um liquidificador, um moedor, uma peneira e um recipiente.

6 chávenas de soja são embebidas durante 24 horas, descascadas, cozidas durante uma hora, drenadas e secas, cozidas ou ligeiramente fritas até douradas, moídas e peneiradas. 3 chávenas de tapetes são cozidos durante uma hora, secos, cozidos ou ligeiramente fritos, moídos e peneirados. 2 chávenas de amendoins são grosseiramente moídos. Todos os ingredientes são misturados entre si.

Para servir: Adicionar 1 chávena de açúcar à mistura e mexer com água morna.

Algumas áreas de empreendedorismo a explorar

Capítulo VII
O químico e a agricultura

I. Agroquímicos e a sua importância na agricultura

Os agroquímicos são agentes químicos utilizados em terrenos agrícolas para melhorar os nutrientes no campo ou na cultura. Melhoram o crescimento das culturas ao matar pragas de insectos. São utilizados em todas as formas de sectores agrícolas como a horticultura, a produção de lacticínios, a avicultura, o cultivo itinerante, a plantação comercial, etc. O artigo destaca os diferentes aspectos dos agroquímicos.

A) O que é um agroquímico?

Vários produtos químicos utilizados na agricultura são chamados agroquímicos ou produtos químicos agrícolas. Produtos químicos tais como pesticidas, insecticidas, herbicidas naturais, produtos químicos fungicidas e nematicidas naturais, todos se enquadram na categoria de agroquímicos. Podem também conter fertilizantes sintéticos, hormonas ou outros agentes químicos de crescimento, bem como concentrados de estrume animal bruto. A quantidade e a qualidade dos produtos agrícolas são melhoradas pelos agroquímicos.

Breve história

A utilização de produtos fitofarmacêuticos (agroquímicos) remonta ao tempo dos Sumérios há 4500 anos atrás. Fizeram-no sob a forma de compostos de enxofre, principalmente insecticidas [4]. É de notar que os agroquímicos foram introduzidos para proteger as culturas de pragas e melhorar o rendimento das culturas. Estes agroquímicos incluíam, em grande parte, pesticidas e fertilizantes [5]. Isto explica o início da "Revolução Verde" nos anos 60, onde a utilização da mesma área terrestre com irrigação intensiva e fertilizantes minerais tais como azoto, fósforo e potássio aumentou significativamente a produção alimentar [6]. Esta revolução favoreceu, ao longo da década de 1970 e nos anos 1980, a investigação sobre pesticidas que levou à produção de agroquímicos mais selectivos. O reverso desta revolução foi que as pragas se tornaram quimicamente resistentes a estes químicos, levando ao desenvolvimento de novos agroquímicos a serem utilizados, os quais eram mais susceptíveis de causar efeitos secundários no ambiente.

B) Tipos de agroquímicos

Os agroquímicos incluem pesticidas, insecticidas, herbicidas, fungicidas, assim como fertilizantes e condicionadores de solo. Os insectos e animais representam um sério risco para as plantas. Quando atraídos por uma fonte alimentar, o fornecimento dessa planta em particular pode diminuir significativamente. Como o nome sugere, os pesticidas defendem as culturas, destruindo, desactivando ou evitando estas pragas.

Os produtos agroquímicos podem ser classificados em cinco categorias:

1. ***Insecticidas: Os*** insecticidas protegem as culturas dos insectos, matando-os ou impedindo o seu ataque. Ajudam a controlar a população de pragas abaixo de um nível desejado. Podem ser classificados de acordo com o seu modo de acção:

a) Inseticidas de contacto: matam insectos por contacto directo e não deixam qualquer actividade residual, causando assim o mínimo de danos ambientais.

b) Inseticidas sistémicos: são absorvidos pelos tecidos vegetais e destroem os insectos à medida que se alimentam da planta. Estes são geralmente associados à actividade residual a longo prazo. As condições climáticas tropicais e a elevada produção de arroz, algodão, cana-de-açúcar e outros cereais na Índia têm catalisado o consumo de insecticidas.

2. ***Fungicidas: Os*** fungos são a causa mais comum de perda de culturas. Os fungicidas são utilizados para controlar ataques de doenças nas culturas e são utilizados para proteger as culturas de ataques fúngicos. Existem dois tipos - os **protectores** e os **erradicantes**. Os protectores previnem ou inibem o crescimento fúngico e os erradicantes matam as pragas na aplicação. Isto por sua vez melhora o rendimento, reduz as imperfeições das culturas (aumentando assim o valor de mercado da cultura) e melhora o prazo de validade e a qualidade da cultura colhida. Os fungicidas são aplicados em frutas, vegetais e arroz. Os principais motores para o crescimento dos fungicidas têm sido a mudança na agricultura de culturas comerciais para frutas e legumes e o apoio governamental à exportação de frutas e legumes.

3. ***Herbicidas***: Os herbicidas, também chamados herbicidas assassinos de ervas daninhas, são utilizados para matar plantas indesejadas. O seu principal concorrente é a mão-de-obra barata, que é utilizada para puxar ervas daninhas manualmente. As vendas são sazonais, uma vez que as ervas daninhas florescem em tempo húmido e quente e morrem em tempo frio. Os herbicidas podem ser de dois tipos - selectivos e não-selectivos. Os herbicidas selectivos matam plantas específicas, deixando a cultura desejada ilesa, enquanto os herbicidas não selectivos são utilizados para a limpeza geral do solo e são utilizados para controlar ervas daninhas antes de plantar as culturas. Como as ervas daninhas crescem em tempo húmido e quente e morrem em estações frias, a venda de herbicidas é sazonal. As culturas de arroz e trigo são as principais áreas de aplicação de herbicidas. O aumento dos custos de mão-de-obra e a escassez de mão-de-obra são os principais motores para o crescimento de herbicidas.

4. ***Bio-pesticidas***: Os biopesticidas são o novo produto de protecção de culturas feito de substâncias naturais, tais como plantas, animais, bactérias e alguns minerais.

São amigos do ambiente, fáceis de usar; requerem doses mais baixas para o mesmo desempenho em comparação com os pesticidas de base química. Actualmente um segmento pequeno, o mercado de biopesticidas deverá crescer no futuro com o apoio do governo e uma maior sensibilização para a utilização de pesticidas não tóxicos e amigos do ambiente.

5. ***Outros: Fumigantes*** e ***raticidas*** são produtos químicos que protegem as culturas de ataques de pragas durante o armazenamento das culturas. Os reguladores de crescimento das plantas ajudam a controlar ou modificar o processo de crescimento das plantas e são normalmente utilizados no algodão, arroz e frutos. Os insecticidas dominam o mercado indiano de protecção das culturas e representam quase 53% do mercado nacional de agroquímicos. Os herbicidas, contudo, estão a tornar-se no segmento de crescimento mais rápido do mercado de agroquímicos.

C) O que é a poluição agroquímica?

A poluição agrícola consiste em resíduos bióticos e abióticos da agricultura que contribuem para a poluição, degradação e/ou danos aos seres humanos e aos seus interesses económicos, ao ambiente e aos ecossistemas circundantes. Os alimentos e a água potável podem ser poluídos por agroquímicos, e a saúde humana pode estar em risco. Isto pode levar tanto à degradação física como química e a uma diminuição significativa do rendimento das culturas devido à perda de microflora e fauna no solo. O impacto das emissões de agroquímicos nos nossos sistemas agrícolas é numeroso. Contudo, a utilização de fertilizantes naturais e sintéticos pode levar a um excesso de nutrientes que podem causar problemas de saúde e de água. O uso excessivo de vários fertilizantes é amplamente referido como resíduo agroquímico e pode poluir as culturas alimentares e as águas subterrâneas. Os nitratos podem entrar rapidamente nos corpos de água e são altamente solúveis. Em várias nações, os solos ricos em fosfatos e os elevados níveis de fosfatos são detectados nas águas subterrâneas.

D) Efeitos indesejáveis

Os agroquímicos são geralmente tóxicos e podem apresentar riscos ambientais significativos quando armazenados em sistemas de armazenagem a granel, especialmente em caso de derrame acidental. A utilização de agroquímicos em muitos países tornou-se altamente regulamentada e podem ser necessárias autorizações governamentais para a compra e aplicação de produtos agrícolas aprovados. A utilização indevida, incluindo o armazenamento inseguro que resulta em fugas químicas, lavagem e derrames de produtos químicos, pode impor sanções significativas. Quando tais produtos químicos são utilizados, estão também sujeitos a regras e regulamentos obrigatórios, instalações de armazenamento e marcação apropriadas, equipamento de limpeza de emergência, protocolos de limpeza de emergência, equipamento de protecção, e métodos de protecção para tratamento, aplicação e eliminação.

Juntamente com os agroquímicos, também podem prejudicar o ambiente, pois aumentam o crescimento de plantas e animais. O uso excessivo de fertilizantes contribuiu para a poluição por nitratos, um composto químico nocivo para os seres humanos e animais em grandes quantidades. Além disso, os rios poluídos por fertilizantes podem aumentar a produção de algas, o que pode ter um efeito negativo no ciclo de vida dos peixes e outros animais aquáticos.

E) Benefícios dos agroquímicos

Apesar de todos os efeitos acima referidos, se os agroquímicos forem manuseados cuidadosamente, podem produzir resultados bem sucedidos. Os benefícios dos agroquímicos não se limitam ao aumento do rendimento das culturas. Alguns dos pesticidas utilizados pelos agricultores contêm doenças. As pessoas que comem plantas que entram em contacto com organismos causadores de doenças foram expostas a estas doenças antes de os pesticidas serem amplamente utilizados. Esta ameaça é muito menor devido ao aumento da utilização de pesticidas em explorações agrícolas em todo o mundo. As soluções de protecção das culturas permitem aos agricultores no processo de produção alimentar aumentar o rendimento e a produção das culturas. Como as ervas daninhas, pragas e doenças afectam até 40% da futura produção agrícola mundial, se a actual utilização de pesticidas fosse eliminada, isto aumentaria.

A produção alimentar deteriorar-se-ia sem os produtos químicos de protecção das culturas, muitas frutas e legumes ficariam em escassez e os preços subiriam. Outro benefício importante dos pesticidas é que eles ajudam a controlar os preços dos alimentos para os consumidores. Os produtos químicos de protecção das culturas para minimizar e, em alguns casos, eliminar os danos causados pelos insectos, permitem ao cliente comprar produtos sem insectos de alta qualidade, ao mesmo tempo que prejudicam pouco a vida humana.

Os pesticidas químicos são amplamente utilizados nos Camarões para a produção agrícola. Em 2015, mais de 600 produtos pesticidas foram registados para utilização em vários alimentos. Grande parte da má utilização destes produtos químicos pelos agricultores foi documentada tanto em ambientes rurais como urbanos. Os estudos de Pouakam et al. para o período de 2011 a 2016 descobriram que os pesticidas formulados com paraquat, glifosato, cipermetrina e metalaxil eram os mais incriminados. Além disso, descobriram que 78% dos casos de envenenamento foram acidentais, sendo 12% tentativas de suicídio e 4% criminosos. Isto significa que os agroquímicos a serem desenvolvidos devem ter em conta a não nocividade tanto para os seres humanos como para o ambiente. Outro facto deplorável é a entrada de pesticidas de países vizinhos, que devem ser melhor regulados, e a qualidade dos pesticidas vendidos no mercado, que devem ser monitorizados periodicamente.

Por conseguinte, que parâmetros deve o agroquímico camaronês ter em conta para a produção de um produto fitofarmacêutico?

II. O agrochemista camaronês precisa de aprender com as patentes

Os pesticidas químicos são amplamente utilizados nos Camarões para a produção agrícola. Em 2015, mais de 600 produtos pesticidas foram registados para utilização em vários alimentos. Grande parte da má utilização destes produtos químicos pelos agricultores foi documentada tanto em ambientes rurais como urbanos. Os estudos de Pouakam et al. para o período de 2011 a 2016 descobriram que os pesticidas formulados com paraquat, glifosato, cipermetrina e metalaxil eram os mais incriminados.

Além disso, descobriram que 78% dos casos de envenenamento foram acidentais, sendo 12% tentativas de suicídio e 4% criminosos. Isto significa que os agroquímicos a serem desenvolvidos devem ter em conta a não nocividade tanto para os seres humanos como para o ambiente. Outro facto deplorável é a entrada de pesticidas de países vizinhos, que devem ser melhor regulados, e a qualidade dos pesticidas vendidos no mercado, que devem ser monitorizados periodicamente.

Por conseguinte, que parâmetros deve o agroquímico camaronês ter em conta para a produção de um produto fitofarmacêutico?

1) Produtos químicos e agricultura

Na agricultura, os produtos químicos utilizados são fertilizantes, insecticidas, herbicidas e reguladores do crescimento das plantas. O legislador camaronês define estes elementos da seguinte forma:

Fertilizante: "qualquer substância ou material que contenha um ou mais nutrientes vegetais reconhecidos e utilizados como tal com o objectivo de promover o crescimento e a produção de plantas". Pesticida: "qualquer substância ou combinação de substâncias destinadas a repelir, destruir ou controlar pragas, vectores de doenças e espécies indesejáveis de plantas ou animais que causem danos ou sejam de outro modo prejudiciais durante a produção, processamento, armazenamento, transporte ou comercialização de alimentos, produtos agrícolas, madeira e produtos florestais não lenhosos".

Artigo 2º da Lei nº 2003/007 de 10 de Julho de 2003 que regula as actividades do subsector dos fertilizantes nos Camarões.

Quanto aos insecticidas, herbicidas e reguladores do crescimento das plantas, a lei camaronesa agrupa-os na grande família dos produtos fitossanitários entendida como "qualquer substância destinada a ser utilizada como regulador do crescimento das plantas", como desfolhantes, dessecantes, diluentes de fruta, ou para evitar a queda prematura de fruta, bem como substâncias aplicadas às culturas, antes ou depois da colheita, para proteger os produtos contra a deterioração durante o armazenamento e transporte". Artigo 3, Lei n° 2003/003 de 21 de Abril de 2003 sobre a protecção fitossanitária.

É de notar que as substâncias são aqui definidas como elementos químicos e os seus compostos à medida que ocorrem no estado natural ou como produzidos pela indústria, incluindo quaisquer impurezas inevitavelmente resultantes do processo de fabrico.

Como tal, o operador ou agricultor pode ser chamado a realizar preparações envolvendo substâncias químicas, o que o torna sujeito a certas leis que devem ser tidas em conta, em particular o conhecimento das substâncias químicas proibidas na agricultura, ou seja, os poluentes orgânicos persistentes : POPs (Anexo 1).

- Infracções e sanções

Sem sermos exaustivos, podemos enumerar algumas das infracções que podem afectar os manipuladores destas substâncias:

Artigo 3, decreto n°2011/2585/pm de 23 de Agosto de 2011 que estabelece a lista de substâncias nocivas ou perigosas e o regime da sua descarga em águas continentais "É proibida a produção, importação, trânsito e circulação no território nacional dos produtos enumerados no Anexo A do presente decreto e de todos os produtos enumerados no Anexo A da Convenção de Estocolmo". É importante que o leitor se refira aos anexos mencionados no presente artigo. Consequentemente, tal como previsto no artigo 4 do presente decreto, o manipulador deve consultar o Ministério para qualquer iniciativa relacionada com estas substâncias e ter em conta que a lista de substâncias químicas prevista pelo presente decreto pode ser modificada por despacho do Ministro responsável pelo ambiente, após parecer das administrações competentes.

No que respeita à responsabilidade, tal como previsto nos nºs 1 e 2 do artigo 77º da Lei nº 96/12, de 5 de Agosto de 1996, relativa à lei-quadro de gestão ambiental "... é civilmente responsável, sem necessidade de provar a culpa, qualquer pessoa que, transportando ou utilizando hidrocarbonetos ou substâncias químicas nocivas e perigosas, ou explorando um estabelecimento classificado, tenha causado danos corporais ou danos materiais directa ou indirectamente relacionados com o exercício das suas actividades é responsável" e que "A indemnização do dano ... é partilhada quando o autor do dano provar que o dano corporal ou material é o resultado da culpa da vítima. É exonerada em caso de força maior". Esta é uma oportunidade para especificar, como previsto no artigo 78º da mesma lei: "Quando os elementos constitutivos da infracção provêm de um estabelecimento agrícola, o proprietário, operador, director ou, conforme o caso, o gestor pode ser declarado responsável pelo pagamento de multas e custos legais devidos pelos autores da infracção, e pode ser responsabilizado civilmente pelo restabelecimento dos estabelecimentos no seu estado original.

Quanto às sanções específicas da ordem, estão previstas nos artigos 81º e 82º da referida lei nestes termos:

"ARTIGO 81: (1) Qualquer pessoa que importar, produzir, manter e/ou utilizar substâncias nocivas ou perigosas contrárias à regulamentação será punida com uma multa de dez (10) a cinquenta (50) milhões de francos CFA e uma pena de prisão de dois (2) a cinco (5) anos ou uma destas duas penas apenas.

(2) Em caso de reincidência, o montante máximo das penas é duplicado.

ARTIGO 82. -(1) Qualquer pessoa que polua, degrade solos e subsolos, altere a qualidade do ar ou da água, em violação das disposições da presente lei, será punida com uma multa de um milhão (1.000.000) a cinco milhões (5.000.000) de francos CFA e uma pena de prisão de seis (6) meses a um (1) ano ou uma destas duas penas apenas.

(3) Em caso de reincidência, o montante máximo das penas é duplicado".

Do mesmo modo, a lei nº 2003/003 de 21 de Abril de 2003 sobre a protecção fitossanitária estipula no seu artigo 36 parágrafo 1 e 2 "que é punido com as sanções previstas no artigo 261 do código penal quem, por falta de jeito, negligência ou não observância dos regulamentos, causar poluição antes, durante ou após um tratamento fitossanitário.No caso de um produto fitofarmacêutico, as sanções previstas no artigo 289 (1) do código penal aplicam-se a qualquer pessoa que, nas circunstâncias acima descritas, provoque intoxicação a outra pessoa, resultando em incapacidade. Substância química proibida na agricultura: Consultar a Convenção de Estocolmo sobre Poluentes Orgânicos Persistentes, adoptada a 22 de Maio de 2001 em Estocolmo e a Convenção de Roterdão de 11/09/1998 sobre o Procedimento de Prévia Informação e Consentimento para Determinadas Substâncias Químicas e Pesticidas Perigosos no Comércio Internacional.

2) Utilização de patentes para criar um agroquímico

a) O que é uma patente e por que razão é emitida?

Uma patente é uma forma de propriedade intelectual (PI) que confere ao inovador/inventor um direito legal à sua invenção/inovação durante um período de tempo limitado (20 anos) e proíbe outros de a utilizarem (ver capítulos anteriores). Isto é para honrar a tecnologia inovadora; para recuperar o custo da inovação; e para obter um retorno do investimento no desenvolvimento da tecnologia. Assim, cada inovador tem um direito exclusivo à investigação e tecnologia desenvolvida e, quando aberto ao uso, é recompensado pela forma de conferir o direito de patente.

Como benefício da inovação, o período da patente é utilizado pelo mundo, não como caridade mas como protecção contra outros que copiam a inovação durante esse período. O Acordo sobre Aspectos dos Direitos de Propriedade Intelectual Relacionados com o Comércio (TRIPS) obriga os países membros a disponibilizar patentes para todas as invenções, quer sejam produtos ou processos, em todos os campos da tecnologia, sem discriminação, sujeito aos critérios normais de novidade, inventividade e capacidade industrial. O Artigo 27.1 do Acordo exige também que as patentes estejam disponíveis e que os direitos de patente sejam exercidos sem discriminação quanto ao local da invenção e se os produtos são importados ou produzidos localmente.

b) Vantagens das moléculas não patenteadas (domínio público)

A indústria agroquímica está interessada em ver moléculas sem patente (ou sem patente), uma vez que isto cria uma oportunidade para o seu próprio desenvolvimento comercial. As empresas de pesticidas, particularmente nos países em desenvolvimento, estão à espera de moléculas de ingredientes activos genéricos, pois oferecem enormes oportunidades para os fabricantes de genéricos fornecerem agroquímicos acessíveis e a preços razoáveis aos agricultores para protegerem os seus rendimentos de pragas e doenças.

Além disso, os pesticidas genéricos são da mesma qualidade que os pesticidas patenteados, efectivamente acessíveis aos agricultores camaroneses e mundiais. São aceites como substâncias activas e funcionam da mesma forma na cultura que o pesticida patenteado, com a vantagem de serem muito mais baratos. É importante saber que os pesticidas patenteados e genéricos estão sujeitos ao mesmo processo de aprovação pela autoridade competente para registo. Por conseguinte, é evidente que um pesticida genérico é tão seguro e eficaz como o pesticida patenteado original e, portanto, popular na comunidade agrícola.

As moléculas genéricas quebram a exclusividade de uma empresa que tem os seus direitos de patente há cerca de 20 anos sem quaisquer concorrentes. A exclusividade durante tanto tempo pode ser restritiva para os mercados livres, uma vez que não há controlo sobre o preço do produto, e pode ir tão alto quanto o fabricante quiser. Durante muitos anos, os inovadores têm sido cada vez mais agressivos na protecção ou extensão das suas patentes. Os produtores genéricos constituem cerca de 30% da indústria global de pesticidas, principalmente devido ao aumento do número de moléculas sem patente e ao declínio de novos ingredientes activos, ambos favorecendo a indústria de pesticidas genéricos, que tem vindo a crescer mais rapidamente do que o inventor ou empresas recentes baseadas em I&D.

c) Dimensão e tendências actuais do mercado

Observou-se que 30-40% dos ingredientes activos sem patente são consumidos por fabricantes genéricos. Destes, os de fungicidas e insecticidas são mais preferidos do que os herbicidas. Aproximadamente 60-70% das moléculas patenteadas não são adoptadas devido ao seu mercado limitado, dificuldade de fabrico e indisponibilidade dos principais intermediários. O inventor/desenvolvedor original trabalha contra concorrentes genéricos, controlando o fornecimento de intermediários e matérias-primas, e é mais fácil para eles se os intermediários e matérias-primas forem escassos.

Observou-se também que a entrada de concorrentes genéricos leva a preços mais baixos. Para ultrapassar isto, as empresas inventoras desenvolvem processos de fabrico mais baratos e mais eficientes para moléculas que já não serão patenteadas. Como o processo de fabrico também pode ser patenteado, a estratégia baseada em I&D das empresas ajuda-as a proteger os seus ingredientes activos. Nesta situação, embora o ingrediente activo não esteja patenteado, os fabricantes genéricos podem ser impedidos de o produzir pelo processo alternativo se o novo processo de fabrico alternativo ainda estiver protegido. Muitas empresas de genéricos estão agora a avançar para o desenvolvimento de processos de fabrico alternativos para ingredientes activos genéricos. Um exemplo é o desenvolvimento de um processo alternativo para a produção de isoproturão sem a utilização de intermediários de isocianato.

d) Difis para ginis

Os genéricos oferecem grandes oportunidades mas também representam desafios para os fabricantes em termos da rapidez com que trazem os produtos para o mercado; como oferecer os seus produtos num mercado cheio e barulhento onde já estão disponíveis sob um nome de marca importante; como fornecer genéricos rentáveis e eficientes que também são rentáveis, etc. Um fabricante de genéricos enfrenta sempre estes desafios numa altura em que está ansiosamente à espera de moléculas não patenteadas. Um fabricante genérico enfrenta sempre estes desafios numa altura em que espera ansiosamente por moléculas fora de patente. Os inventores, a fim de manter a sua exclusividade, geralmente tentam atrasar a concorrência dos fabricantes de genéricos adoptando as seguintes estratégias:

- *Segmentação de mercado*
- *Saber sintético/tecnológico/fabricante*
- *Protecção de Dados de Registo (RDP)*
- *Direitos de Propriedade Intelectual (DPI)*

e) Algumas moléculas que estarão no domínio público até 2030

Existem cerca de 22 ingredientes activos de pesticidas que estão prestes a sair do seu período de DPI nos próximos 10 anos, ou seja, entre 2021 e 2030. Estes são : *bixafena, clorantraniliprol, ciantraniliprol, fenepirazamina, flubendiamida, fluopicolida, fluopirame, fluxapyroxad, isopirazame, mandipropamida, penflufena, pentiopirade, pinoxadena, piriofenona, pyroxsulam, sedaxano, tiencarbazona-metilo, valifenalato, benzovindiflupir, sulfoxaflor, saflufenacil, e aminopiralide.*

Espera-se que a procura de algumas destas moléculas de grau técnico não patenteadas no mercado global aumente significativamente. Prevê-se que a dimensão do mercado para estes produtos exceda 4,1 mil milhões de dólares até 2026. Isto porque produtos como o *clorantraniliprol, fluropiramina, fluxapyroxad, ciantranilipore, bixafen, sedaxane, fenepirazamina e flupicolide* têm um enorme mercado. Os agentes da indústria terão a oportunidade, especialmente nos mercados regulamentados, de escolher o genérico com base na procura do mercado, onde tantos produtos estão a deixar de estar protegidos por patentes. Nos Camarões, estes genéricos trarão um enorme crescimento aos fabricantes de genéricos, bem como aos formuladores que estão directa ou indirectamente envolvidos enquanto os produtos estão sob DPI.

3) Testes de formulação de produtos de protecção de culturas

❖ Um herbicida natural

Para tal, utilizaremos duas plantas ricas em limonenos, *Ocimum canum* Sims (manjericão foliar pequeno) e *Ocimum gratissimum* (manjericão foliar grande). Estas duas plantas muito perfumadas são cultivadas perto de aldeias e em hortas. Para além da sua utilização como ervas, encontram-se entre as plantas utilizadas como insecticidas (Mapi, 1988).

O nosso herbicida consistirá no óleo essencial das duas plantas em questão, juntamente com um transportador adequado e possivelmente um agente emulsionante adequado. A nossa mistura oleosa, que actua como ingrediente activo, estará presente na composição a uma proporção de cerca de 5-70% em peso. Para utilização, este produto pode ser diluído 5 a 15 vezes para dar uma concentração final de citronela de cerca de 0,3 a 15%. A composição do nosso herbicida inclui óleo essencial de *O. canum* e *O. gratissimum*, estabilizante, anticongelante, agente de transporte e tensioactivos.

A composição inclui :

O. canum e *O. gratissimum* oil: 5-70

Outro herbicida (óleo cítrico ou óleo de canela): 0-50

Surfactantes: 5-35%.

Estabilizador: 0-8%.

Anticongelante: 0-6%.

Água: 10-70%.

Como tensioactivo utilizaremos *Sulfato de Louro Sódico* (SLS) e como anticongelante será polietilenoglicol (PEG). A composição pode ainda incluir um ou mais estabilizantes. Exemplos de estabilizantes incluem, mas não estão limitados a, um agente de ajuste de pH para tornar a composição numa base mais fraca, ácido neutro ou fraco (pH 5-9, de preferência pH 6-8) como ácido cítrico, ácido málico, bicarbonato de sódio, bicarbonato de potássio e assim por diante.

◆ Um pesticida à base de alho

Composição

Extracto de alho: 60%.

Óleo de semente de algodão 25%.

Óleo de canela 0,5%.

Sulfato de laurilo de sódio 10%.

O sulfato de laurilo de sódio é utilizado para emulsionar o extracto de alho com um óleo essencial ou óleo mineral.

Portanto, o concentrado de pesticida natural será

A: extracto de alho ;

B: um óleo seleccionado do grupo constituído por óleo de algodão; a relação de volume de extracto de alho para esse óleo situa-se entre 5% e 98% de extracto de alho para 95% e 2% de óleo; e, quando esse pesticida natural concentrado é diluído com água, a combinação de dito (A) e (B) é um pesticida mais eficaz do que se uma quantidade equivalente de dito (A) ou dito (B) fosse utilizada isoladamente.

Quadro: Algumas moléculas com prazos de validade de patente

Nome da molécula	**Tamanho do mercado US$ MILHÕES, 2019**	**Nome do inventor**	**Expiração da patente**	**Utilização**
Aminopiralid	160	Corteva Agriscience	2021	Matador de ervas daninhas de largo espectro para pastagem, rangeland, palma, borracha, F&V e cereais.
Benzovindiflupyr	419	Syngenta AG	2028	Matador de ervas daninhas de largo espectro para pastagens, rangeland, palma de óleo, borracha, F&V e cereais.
Chlorantraniliprole	1750	Corteva/FMC	2024	Mastigadores de insectos de soja, F&V, arroz, algodão, milho, frutas com sementes, cana-de-açúcar, batatas e cereais.
Fenpyrazamine	1	Sumitomo Químico	2022	Muito eficaz contra o bolor cinzento, podridão do caule e podridão castanha de frutas e vegetais.
Fluxapyroxad	491	BASF SE	2022	Fungicida de largo espectro para cereais, soja, culturas especiais e relva.
mandipropamida	179	Syngenta AG	2023	Ardor tardio na batata e no tomate. Também utilizado em tabaco, F&V e vinhas.
Piroxsulame	215	Corteva Agriscience	2024	Gramíneas de largo espectro e ervas daninhas de folha larga de cereais.
Thiencarbazone-metilo	155	er Crop Science	2024	Herbicida utilizado para o controlo selectivo de gramíneas e infestantes de folha larga, principalmente no milho.
Valifenalate	25	Ishihara	2024	Utilizado para controlar o bolor em muitas culturas, incluindo uvas, batatas e tomates.

Capítulo VIII
O químico e a aquacultura

Durante a última década, a produção aquícola mundial aumentou significativamente, atingindo uma taxa média de crescimento anual de 9,4% durante o período 1984-1994. A produção aquícola mundial total é agora de cerca de 25,5 milhões de toneladas, avaliadas em 39,8 mil milhões de dólares, e representa cerca de 21,7% do total dos desembarques mundiais de pescado. A China continua a ser o maior produtor, representando 60,4% do total da produção mundial. Em 2018, a produção dos Camarões era de 2340 toneladas métricas, de acordo com a recolha de indicadores de desenvolvimento do Banco Mundial, compilados a partir de fontes oficialmente reconhecidas.

Na aquicultura, como em todos os sectores da produção alimentar, os produtos químicos são um dos insumos externos necessários para o sucesso da produção agrícola. Nos sistemas extensivos mais simples, isto pode ser limitado aos fertilizantes (geralmente estrume), enquanto nos sistemas mais complexos semi-intensivos e intensivos pode ser utilizada uma vasta gama de compostos naturais e sintéticos. É seguro dizer que, tal como na agricultura, os produtos químicos são um "ingrediente" essencial para o sucesso da aquacultura, e têm sido utilizados em várias formas há séculos.

I. Produtos químicos em aquacultura

1) O que são produtos químicos?

Existem muitas classificações e definições de trabalho diferentes de "produtos químicos" (ver Van Houtte, este volume). Estas incluem a classificação de "grupo de drogas" (ver Alderman e Michel 1992), a classificação fornecida pelo Conselho Internacional para a Exploração do Mar (CIEM 1994), uma classificação desenvolvida especificamente para a criação de camarão (ver Primavera et al. 1993), e várias definições de trabalho para fins científicos e legais. Na aquacultura, os produtos químicos podem ser classificados pelo objectivo de utilização, o tipo de organismos cultivados, a fase do ciclo de vida para a qual são utilizados, o sistema cultural e a intensidade da cultura, e o tipo de pessoas que os utilizam.

2) Porque são utilizados produtos químicos na aquacultura?

Os produtos químicos têm muitas utilizações na aquacultura, com os tipos de produtos químicos utilizados dependendo da natureza do sistema de cultivo e das espécies cultivadas. São componentes essenciais em :

J Construção de lagoas e reservatórios,

J Gestão do solo e da água,

Melhoria da produtividade aquática natural,

J Transporte de organismos vivos

Formulação dc alimcntos,

Manuseamento e melhoria da reprodução,

Promover o crescimento,

J Gestão da saúde, e

J Processamento e valorização do produto final.

Os benefícios da utilização de produtos químicos são muitos. Os produtos químicos aumentam a eficiência da produção e reduzem o desperdício de outros recursos. Ajudam a aumentar a produção de incubadoras e a eficiência alimentar, e a melhorar a sobrevivência de alevins e alevins até ao tamanho comercializável. São utilizados para reduzir o stress do transporte e para controlar os agentes patogénicos, entre muitas outras aplicações.

3) Preocupações sobre a utilização de produtos químicos

A utilização de produtos químicos em aquacultura suscita várias preocupações importantes. Estas incluem

> Problemas de saúde humana relacionados com a utilização de aditivos alimentares, agentes terapêuticos, hormonas, desinfectantes e vacinas.

> Problemas de qualidade dos produtos relacionados com questões como a presença de resíduos químicos nos produtos da aquacultura, a sua utilização na melhoria da qualidade dos produtos e na preparação de produtos de valor acrescentado, a necessidade de proteger os consumidores de utilizações inseguras, e os problemas em torno da aceitação pelo consumidor da utilização de produtos químicos na produção de peixe e marisco para consumo humano

> Preocupações ambientais, tais como os efeitos dos produtos químicos da aquicultura na qualidade da água e dos sedimentos (enriquecimento de nutrientes, carregamento de matéria orgânica, etc.), comunidades aquáticas naturais (toxicidade, ruptura da estrutura da comunidade e impactos induzidos na biodiversidade), e efeitos nos microrganismos (alteração das comunidades microbianas e geração de estirpes bacterianas resistentes aos medicamentos).

> A falta geral de conhecimento sobre os efeitos e o destino dos produtos químicos e seus resíduos nos organismos cultivados e no próprio sistema de aquacultura. Do mesmo modo, falta informação sobre as acções e o destino dos químicos utilizados na aquacultura no ambiente aquático em geral (impactos em organismos não cultivados, sedimentos e na coluna de água).

> Falta de meios alternativos para a aplicação química. É necessário o desenvolvimento de alvos muito específicos de produtos químicos que tenham efeitos secundários e implicações ambientais reduzidas. É melhorada a disponibilidade de tratamentos acessíveis adequados para sistemas de aquacultura que cultivem espécies de baixo valor.

As preocupações com a saúde humana e o ambiente relativamente à utilização de produtos químicos na aquicultura reflectem-se no Código de Conduta para uma Pesca Responsável da FAO (FAO 1995). De facto, o Código apela aos Estados para que :

> Promover práticas eficazes de gestão sanitária das explorações e dos peixes que favoreçam medidas de higiene e vacinas. Deve ser assegurada uma utilização segura, eficaz e mínima de agentes terapêuticos, hormonas e medicamentos, antibióticos e outros produtos químicos de controlo de doenças. (Artigo 9.4.4).

> Regulamentar a utilização de insumos químicos na aquacultura que são perigosos para a saúde humana e para o ambiente. (Artigo 9.4.5)

4) Desafios e oportunidades

***J* Problemas futuros**

Há uma série de tendências actuais na aquacultura global que continuarão a fazer da utilização de produtos químicos um tópico para discussão e debate futuros.

O aumento da procura no mercado que cria pressão para a produção de espécies de alto valor como o camarão e o salmão pode, por sua vez, levar a uma intensificação crescente, a sistemas de cultivo mais sofisticados e a um correspondente aumento da utilização responsável e irresponsável de produtos químicos.

Medidas recentes como o Acordo sobre a Aplicação de Medidas Sanitárias e Fitossanitárias (GATT 1994) tiveram um grande impacto nas condições do comércio internacional de produtos da aquacultura, quer aumentando a liberdade de circulação dos produtos, quer exigindo que os países exportadores cumpram normas uniformes no que diz respeito à qualidade, procedimentos de produção, etc. Várias organizações propuseram normas reais e sugeridas (através de legislação, acordos, códigos de conduta, directrizes, etc.) em áreas tais como procedimentos e ética de produção, níveis mínimos de resíduos (LMR), tempos de retirada para produtos químicos utilizados no tratamento e profilaxia, e normas sanitárias para animais aquáticos. Para muitas destas questões, a política e a legislação estão a avançar rapidamente, ultrapassando os avanços no conhecimento técnico através da investigação aplicada que são necessários para tomar decisões informadas e apoiar a implementação de políticas e leis. Isto é particularmente verdade quando são estabelecidas normas para a utilização de produtos químicos em aquacultura. Um exemplo é a necessidade de dados de investigação relacionados com resíduos químicos em produtos de aquacultura, onde é necessária informação sobre LMR e períodos de retirada, e para o registo e aprovação de produtos químicos.

É evidente que os produtos químicos são uma componente importante dos sistemas de aquacultura, e que novos progressos na indústria aquícola, particularmente em sistemas em fase de intensificação, podem, em alguns casos, continuar a estar ligados ao aumento da utilização de produtos químicos. Contudo, o desenvolvimento de vacinas, por exemplo, pode também levar a uma redução na utilização de agentes terapêuticos, e a utilização de químicos sintéticos não é necessária em todos os sistemas.

Principais desafios e oportunidades

Há três grupos principais de pessoas que lidam directamente com produtos químicos de aquacultura: fabricantes e comerciantes, agricultores e consumidores.

Fabricantes e comerciantes devem esforçar-se por produzir e fornecer produtos químicos "apropriados" para espécies e sistemas específicos. Devem facilitar a disponibilidade, assegurando um fornecimento adequado destes produtos químicos; devem fornecer informações precisas e adequadas aos agricultores e evitar o comércio ilegal. O sector privado deve também conduzir mais investigação e desenvolvimento para reduzir os efeitos nocivos dos químicos nos sistemas de aquacultura, e deve trabalhar para melhorar a sensibilização do público para os benefícios e desvantagens da utilização de químicos.

Os agricultores devem esforçar-se por compreender a gestão na exploração agrícola do uso de produtos químicos para aumentar a eficiência e minimizar os impactos negativos. Também precisam de aprender sobre as vantagens e desvantagens da utilização de produtos químicos em cada situação específica. Os aquacultores precisam de aumentar a sua sensibilização para as implicações a curto, médio e longo prazo da utilização de um produto químico escolhido.

Os consumidores precisam de estar conscientes das consequências para a saúde da má utilização de produtos químicos. Precisam de se informar sobre os benefícios, bem como os perigos, da utilização de produtos químicos, e devem precaver-se contra a influência indevida das críticas à aquacultura baseadas principalmente em argumentos emocionais que têm pouca base em factos científicos. Contudo, nos casos em que as provas indicam claramente a necessidade de uma mudança construtiva dentro da indústria aquícola, os consumidores devem apoiar os grupos de defesa que trabalham para este objectivo.

Os decisores políticos, investigadores e cientistas devem trabalhar em conjunto para resolver os problemas da utilização de produtos químicos, com vista a reduzir os efeitos nocivos. É necessária mais investigação e deve concentrar-se na resolução dos problemas associados à utilização de produtos químicos. Devem ser feitos mais esforços de investigação para encontrar soluções não-químicas para a gestão da saúde e controlo de doenças.

É necessário distinguir entre problemas percebidos (ou seja, opiniões subjectivas) e perigos potenciais (que podem ser previstos e avaliados cientificamente).

*

5) Preocupações sobre o uso de antibacterianos

Na aquacultura, a quimioterapia antibacteriana tem sido a pedra angular sobre a qual a indústria aquícola tem sido construída. Nesta indústria em crescimento, tem havido muitos surtos, uma vez que as espécies selvagens foram mantidas pela primeira vez em cativeiro e antes de ser apreciada toda a importância dos aspectos ambientais do controlo sanitário. Inicialmente, os desenvolvimentos de campo ultrapassaram a velocidade a que o corpo de conhecimentos científicos subjacentes à quimioterapia aplicada foi montado, e o uso de antibióticos foi essencial para evitar o colapso comercial de muitas empresas de aquacultura. Inicialmente, a quimioterapia antibacteriana foi muito eficaz, talvez na medida em que os medicamentos foram utilizados para aumentar os rendimentos e evitar estratégias mais dispendiosas de controlo de doenças. Infelizmente, isto conduziu a problemas, e as preocupações centram-se agora em falhas de tratamento, impactos ambientais e riscos para a saúde humana. Os antibacterianos podem perturbar o equilíbrio da microflora ambiental, e este é o tema de um artigo posterior (ver Weston, este volume). O risco para a saúde humana decorrente da perturbação da flora gastrointestinal, selecção de estirpes resistentes e alergias é também discutido noutro local (ver Sinhaseni et al., este volume).

6) Efeitos ecológicos do uso químico na aquacultura

Muitos produtos químicos da aquicultura são, pela sua própria natureza, biocidas e atingem o seu objectivo matando ou retardando o crescimento das populações de organismos aquáticos. Os produtos químicos utilizados desta forma incluem:

- Anti-vegetativo
- Desinfectantes
- Algicidas
- Herbicidas
- Pesticidas
- Controlo de pragas
- Antibacterianos

Para efeitos desta avaliação, a mortalidade do organismo alvo é aceite como um dado adquirido e, na perspectiva do aquacultor, como um resultado desejável. A mortalidade de uma espécie de praga é em si um efeito ecológico com implicações potenciais para o ecossistema circundante, mas o pressuposto implícito é que o valor comercial da eliminação da praga supera o valor ecológico da sua presença. Nesta discussão, o foco está nos efeitos sobre as espécies não visadas.

Para ilustrar a gama potencial de efeitos ecológicos, são discutidas abaixo três classes gerais de produtos químicos de aquacultura: 1) pesticidas, 2) parasiticidas e 3) antibacterianos. Esta avaliação não tem em conta aspectos de saúde humana nem a estimulação da resistência antibacteriana em comunidades microbianas naturais, uma vez que estes dois tópicos são abordados noutra parte deste volume.

Pesticidas

Controlo de pragas

Os compostos organofosforados são por vezes utilizados em aquacultura para uma grande variedade de aplicações, incluindo o controlo de crustáceos ectoparasitários, o tratamento de trematódeos ou infecções ciliadas em maternidades de camarão, ou a remoção de misidaceanos de tanques de camarão. São vendidos sob vários nomes comerciais, incluindo Nuvan®, Neguvon®, Aquaguard®, Dipterex®, Dursban®, Demerin® e Malathion®. Neguvon® (triclorfão) e o seu produto de degradação Nuvan® (diclorvos) são utilizados para o tratamento de ectoparasitas crustáceos tais como piolhos de salmão, Lepeophtherius salmonis, em peixes marinhos, ou Argulus sp. e Lernaea sp. em peixes de água doce.

Antibacterianos

Os antibacterianos são geralmente administrados como um banho ou suplemento alimentar. Como um banho, existe uma via óbvia de libertação de antibacterianos não absorvidos no ambiente circundante através do efluente. No entanto, mesmo como suplemento alimentar, esta perda pode ocorrer quer através de resíduos alimentares não integrados, quer através da eliminação de fezes ou urina. A oxitetraciclina, um dos antibacterianos mais utilizados em aquacultura em todo o mundo, é notória a este respeito.

7) A utilização de produtos químicos na alimentação aquática

Vários produtos químicos e aditivos utilizados na alimentação de peixes e camarões podem ter efeitos na saúde animal, na qualidade do produto e no ambiente. Este artigo analisa a utilização e efeitos das vitaminas (vitaminas C e E), ácidos gordos essenciais, carotenóides, imunoestimulantes, hormonas e atractivos adicionados aos alimentos para peixes e crustáceos de piscicultura.

a) Vitaminas

Até agora, são necessárias quatro vitaminas lipossolúveis e 11 ou 12 hidrossolúveis para peixes e camarões, respectivamente. As deficiências vitamínicas conduzem a funções bioquímicas aberrantes e consequentes disfunções celulares e orgânicas que se manifestam progressivamente como deficiências clínicas. A pobre integridade da pele e dos tecidos epiteliais predispõe, portanto, os peixes a infecções. Além disso, as células envolvidas na geração de respostas imunitárias específicas e não específicas são metabolicamente activas e são também susceptíveis de serem afectadas por carências vitamínicas. A maioria dos estudos sobre a correlação positiva entre as vitaminas e a resposta imunitária nos peixes limita-se às vitaminas antioxidantes C e E.

b) Ácidos gordos essenciais

O ácido eicosapentaenóico (EPA) e o ácido docosahexaenóico (DHA) nos peixes e moluscos são ácidos gordos essenciais para animais marinhos, e estes ácidos gordos altamente insaturados são também necessários para os seres humanos. Os ácidos gordos altamente insaturados ómega 3 (Q 3 HUFA) são quantitativamente os ácidos gordos dominantes nos peixes marinhos.

c) Carotenóides

Uma das funções mais óbvias dos carotenóides nos alimentos é a coloração dos animais aquáticos. A utilização de carotenóides na piscicultura está principalmente associada à astaxantina e à pigmentação com cantaxantina da carne de salmonídeos, ou com astaxantina nas conchas e na carne de camarões e lagostas.

d) Imunoestimulantes e) Hormonas

17 uma metiltestosterona A capacidade de controlar o sexo das populações de peixes seria vantajosa para os produtores de espécies economicamente importantes, e é particularmente adequada para espécies prolíferas como a tilápia.

f) Atraente

Os atractivos são utilizados principalmente para melhorar a ingestão de ração e o crescimento. Nos peixes cultivados, o incentivo ao consumo de ração pode aumentar a sobrevivência e encurtar os intervalos de produção, ao mesmo tempo que reduz o desperdício de ração que também polui a água. Para além disso, os atractivos eficazes encorajariam a utilização de ingredientes pouco viscosos que de outra forma ficariam por utilizar. Os atractivos são necessários em dietas semi-purificadas nos estudos das necessidades em vitaminas, minerais ou ácidos gordos. Os atractivos terão um maior efeito na ingestão de ração e sobrevivência dos peixes jovens na fase de "alimentação precoce". Os atractivos adicionados à alimentação também podem ajudar a compensar a redução da ingestão de ração durante períodos de doença ou stress. Os aminoácidos, compostos do tipo ácido nucleico, lípidos e compostos orgânicos contendo bases azotadas e enxofre têm demonstrado ser potenciais atractivos para abalone, peixe e camarão. Os compostos eficazes mostram uma grande diferença entre os animais testados. Foi encontrado para todos os animais de teste que as actividades de atracção estavam presentes nos L-aminoácidos mas não nos tipos D. Quando os compostos eficazes foram combinados, as actividades para todos os animais de teste tornaram-se mais elevadas nas combinações de segunda, terceira e quarta ordem.

II. O químico e a aquacultura nos Camarões

Os Camarões planeiam reduzir as importações maciças de peixe através do desenvolvimento da aquicultura, o que parece ser uma excelente solução para a procura maciça de proteínas animais. É portanto necessário desenvolver os agroquímicos. Deve também notar-se que estudos da Ntsama e colegas mostraram que as práticas alimentares em aquacultura se caracterizam pela utilização de alimentos em pó formulados localmente (31,7%), estrume animal, estrume de galinha (20,5%) e estrume de porco (18,7%). Relativamente à gestão sanitária dos peixes, poucos agricultores (24,3%) referem-se a um veterinário para prescrição e 51% utilizam agroquímicos como a calagem, fertilizantes e medicamentos veterinários. As tetraciclinas são as mais utilizadas para fins curativos. Por conseguinte, é importante que os químicos camaroneses encontrem ou desenvolvam melhor produtos para impulsionar ainda mais a produção desta filial pecuária.

Anexos e referências :

1. Aquacultura e crise alimentar: Oportunidades e restrições I Chiu Liao, Nai-Hsien Chao
2. Efeitos Ecológicos da Utilização de Produtos Químicos na Aquacultura Donald P. Weston
3. Características das práticas de piscicultura e utilização de agroquímicos nas quatro regiões dos Camarões, 2018; Ntsama et al.
4.

Conclusão

O presente volume visa familiarizar o químico com os instrumentos da ética, do direito, da propriedade intelectual e da economia. É preciso lembrar que isto não o isenta da leitura de obras de referência, mas sim tentamos explicar-lhe os méritos de dominar estas ciências e mostrar-lhe a ligação interdisciplinar que cria com elas quando inventa uma molécula. É de notar que era também uma questão de compreender a imensidão da sua tarefa como químico empreendedor na luta contra o desemprego, a fome, a pobreza, etc. Atrevemo-nos a acreditar que atingimos este objectivo para aqueles que leram este livro de capa a capa. Gostaríamos de salientar que a maior parte da informação foi tirada daqui e dali, e alguns de vós podem conhecer as fontes exactas, mas por favor compreendam que é mais uma questão de fazer as pessoas compreender a importância de que a química esteja ao serviço do desenvolvimento dos Camarões. Para o próximo volume, iremos equipar o químico nos processos industriais de modo a que esteja plenamente operacional.

Printed by Books on Demand GmbH, Norderstedt / Germany